普通高等教育机电类"十三五"规划教材

机电传动与控制
大型实训教程

单光坤　孟新宇　杨国哲　谷艳玲　编著

电子工业出版社
Publishing House of Electronics Industry
北京·BEIJING

内 容 简 介

通过总结多年来卓越工程师培养的经验，特别是基于辽宁省教改项目"结合 CDIO 模式的项目教学改革"（UPRP20140119）和"辽宁省普通高等学校本科优势特色专业：机械设计制造及其自动化（辽教发[2015]109 号）"编写了本书。

本书针对工程应用型教学综合改革的需要，采用工学结合、注重工程应用的原则编写而成。全书共分 6 章，分别是机电液一体化系统设计、可编程控制器基本结构及工作原理、机构动作及控制任务的实现、MPS——模块式自动生产线实训系统介绍、模块式自动化生产线的动作实现及调试和实训安排。

本书可以作为高等院校自动化、电气工程及其自动化、机械设计制造及其自动化、材料成型及控制工程、机电一体化等专业相关课程的教材，也可作为电工技师和职工岗位培训教材，还适合从事电气控制的工程技术人员使用。

未经许可，不得以任何方式复制或抄袭本书之部分或全部内容。
版权所有，侵权必究。

图书在版编目（CIP）数据

机电传动与控制大型实训教程 / 单光坤等编著．—北京：电子工业出版社，2018.8
普通高等教育机电类"十三五"规划教材
ISBN 978-7-121-34350-6

Ⅰ．①机… Ⅱ．①单… Ⅲ．①电力传动控制设备－高等学校－教材 Ⅳ．①TM921.5

中国版本图书馆 CIP 数据核字(2018)第 115681 号

策划编辑：赵玉山
责任编辑：赵玉山
印　　刷：北京七彩京通数码快印有限公司
装　　订：北京七彩京通数码快印有限公司
出版发行：电子工业出版社
　　　　　北京市海淀区万寿路 173 信箱　　邮编：100036
开　　本：787×1 092　1/16　印张：10.5　字数：269 千字
版　　次：2018 年 8 月第 1 版
印　　次：2018 年 8 月第 1 次印刷
定　　价：35.00 元

凡所购买电子工业出版社图书有缺损问题，请向购买书店调换。若书店售缺，请与本社发行部联系，联系及邮购电话：（010）88254888，88258888。
质量投诉请发邮件至 zlts@phei.com.cn，盗版侵权举报请发邮件至 dbqq@phei.com.cn。
本书咨询联系方式：zhaoys@phei.com.cn。

前　　言

卓越工程师教育培养计划是贯彻落实《国家中长期教育改革和发展规划纲要（2010—2020年）》和《国家中长期人才发展规划纲要（2010—2020年）》的重大改革项目，也是促进我国由工程教育大国迈向工程教育强国的重大举措，旨在培养造就一大批创新能力强、适应经济社会发展需要的高质量工程技术人才，为国家走新型工业化发展道路、建设创新型国家和人才强国战略服务，对促进高等教育、面向社会需求培养人才，全面提高工程教育人才培养质量具有十分重要的示范和引导作用。

为培养能够解决工程实际问题、创新能力强、适应经济社会发展需要的具有国际视野的高质量应用型工程技术人才，沈阳工业大学机械工程学院在实践教学环节进行了深化改革，其中"机电传动与控制大型集中项目训练"课程就是此次改革过程中新增的一门实践课程。该课程立足于"机械原理"、"机械设计"、"液压与气压传动"、"机电传动与控制技术"及"测试技术"等课程的理论知识，将课程以工程设计任务的形式下达给学生，要求学生在设计过程中主动寻求解决问题的方法，提出工程设计方案，并在实训工作室的成组设备上实现设计方案，最终完成课题。通过"机电传动与控制大型集中项目训练"课程的学习，培养学生的创新能力，使学生具有扎实的数学、材料科学、物理学基础知识和工程领域专业知识，提高学生参与研制开发高技术附加值产品的能力和从事工程技术或协调管理的技能。

本书是基于 MPS——模块式自动生产线的实训系统教程，MPS 基本系统由 6 站组成，每站各有一套 PLC 控制系统实现独立控制，在基本单元模块实训完成以后，又可以将相邻的两站、三站，直至六站连在一起，学习复杂系统的控制、编程、装配和调试技术。学生在实训过程中要综合运用现代实际生产中常用的较先进的实用技术，其中包括 PLC 控制编程技术、电气控制技术、气动应用技术、传感器技术、机器人应用技术等知识，充分发挥自己的创新思维，采用模块化的设计对设备进行扩展改造。

全书由单光坤统稿并负责第 4、第 6 章的编写，谷艳玲编写第 1.1、1.2 和 1.3 节，孟新宇编写第 1.4 节和第 2、第 3 章，杨国哲编写第 5 章。

由于水平和时间所限，疏漏和不妥之处在所难免，恳请批评指正。

目　录

第1章　机电液一体化系统设计 ... 1
1.1　概论 ... 1
1.2　典型机械传动执行机构 ... 1
1.2.1　机械夹持器 ... 2
1.2.2　特种末端执行器 ... 2
1.3　自动化生产线常用液压、气压元件 ... 4
1.3.1　常用液压元件 ... 4
1.3.2　常用气压元件 ... 33
1.4　自动化生产线常用电气设备及测试元件 ... 55
1.4.1　伺服控制系统 ... 55
1.4.2　常用电气元件 ... 64
1.4.3　传感器 ... 67

第2章　可编程控制器基本结构及工作原理 ... 73
2.1　可编程控制器（PLC）原理与特点 ... 73
2.1.1　PLC原理 ... 73
2.1.2　组成 ... 73
2.1.3　可编程控制器的性能指标及分类 ... 78
2.1.4　PLC的工作过程 ... 80
2.1.5　PLC控制系统与电气控制系统的区别 ... 80
2.2　可编程控制器编程技术基础 ... 82
2.2.1　PLC编程语言 ... 82
2.2.2　梯形图（Ladder Diagram） ... 83
2.2.3　顺序功能图 ... 85
2.2.4　结构化文本（Structured Text） ... 87
2.3　PLC编程步骤与技巧 ... 87
2.4　FX系列PLC简介 ... 88
2.4.1　FX2N系列基本单元 ... 89
2.4.2　三菱PLC-FX系列常用编程指令 ... 93

第3章　机构动作及控制任务的实现 ... 100
3.1　电磁阀动作的实现 ... 100
3.1.1　电磁阀接线 ... 100
3.1.2　电磁阀的控制 ... 101
3.1.3　电磁阀对控制系统输出接点及供电方式的要求 ... 102

3.2 伺服电机转动的实现 …………………………………………………………… 103
    3.2.1 周边装置接线 …………………………………………………………… 103
    3.2.2 调试 ……………………………………………………………………… 104
    3.2.3 伺服电机控制实例 ……………………………………………………… 105
3.3 机械手动作的实现 ……………………………………………………………… 112
    3.3.1 机械手的分类 …………………………………………………………… 113
    3.3.2 机械手的设计 …………………………………………………………… 113

第 4 章 MPS——模块式自动生产线实训系统介绍 ……………………………… 115
4.1 MPS 总线使用说明 ……………………………………………………………… 115
    4.1.1 MPS 总线简介 …………………………………………………………… 115
    4.1.2 设备基本工作参数 ……………………………………………………… 115
    4.1.3 其他说明与注意事项 …………………………………………………… 115
    4.1.4 启动设备操作顺序与说明 ……………………………………………… 116
    4.1.5 各站共用操作说明 ……………………………………………………… 117
4.2 各站使用说明 …………………………………………………………………… 118
    4.2.1 第一站：双料仓上料检测站 …………………………………………… 118
    4.2.2 第二站：无杆气缸分拣站 ……………………………………………… 121
    4.2.3 第三站：加工站（四工位分度盘）…………………………………… 123
    4.2.4 第四站：气动机械手、输送带工作站 ………………………………… 125
    4.2.5 第五站：气垫滑道、装配站 …………………………………………… 127
    4.2.6 第六站：电缸机械手分类入库站（六工位）………………………… 129
4.3 电控部分其他相关使用说明 …………………………………………………… 130

第 5 章 模块式自动化生产线的动作实现及调试 …………………………………… 131
5.1 模块分站的上电准备 …………………………………………………………… 131
5.2 模块分站独立运行 ……………………………………………………………… 132
5.3 模块分站的逐级联调 …………………………………………………………… 147
5.4 常见故障诊断及排除 …………………………………………………………… 147

第 6 章 实训安排 ……………………………………………………………………… 149

附录 A 台达 PLC 介绍 ………………………………………………………………… 151
附录 B WPLSof 编程软件介绍 ………………………………………………………… 154
附录 C 编程举例 ……………………………………………………………………… 158

第1章　机电液一体化系统设计

1.1　概　　论

什么是机电液一体化?

机电液一体化技术是机械技术、液压技术和微电子技术的有机结合，它是在融合了机械、液压、计算机、传感器、自动控制等多门科学技术的基础上发展起来的一门新兴科学。简单地讲，机电液一体化就是电气控制液压，液压控制机械，机械在运动中通过电气将信息反馈回来再控制液压。机电液一体化设备的自动化、智能化程度很高。机电液一体化系统，绝非仅为机械、液压与电子电器的简单组合。否则，包括这三个部分的工程机械都可称已实现机电液一体化了。

机电液一体化为工程机械装上了感觉器官——传感器，布上了神经系统——传输线路，添上了信号处理单元——单片机或微机，这三部分组成的机电液一体化系统，使工程机械的性能发生了巨大的变化。

随着科学技术的高速发展，机电液控制技术在各个行业得到了广泛的应用。在机械制造业中，机电液控制技术用于自动控制的机器人，以替代人完成海底作业和有毒现场的施工；用于电液控制的机械手，以替代人完成自动生产线上的焊接、喷漆、装配等；用于自动生产线的位置、速度与时间的控制；用于加工机械零件的加工中心（数控机床），以实现六面体的高精度自动加工。在汽车及工程车辆中，机电液控制技术用于伺服转向系统，用于汽车的无人驾驶、自动换挡、自动防滑系统等。在军事工业中，机电液控制技术用于飞机的操纵系统，雷达跟踪和舰船的舵机装置，导弹的位置控制和发射架自动控制等。近年来，我国机械自动化技术发展十分迅速，自动控制理论、液压传动技术、微电子及计算机控制技术的相互融合，有力地推动了我国机械工业的飞速发展。

1.2　典型机械传动执行机构

机械执行机构向执行末端件提供动力并带动它实现运动，即把传动机构传递过来的运动和动力进行必要的交换，以满足执行末端件的动作要求。

机电液一体化产品的执行机构是实现其主功能的重要环节，应能快速完成预期的动作，并具有响应速度快、动态性能好、动静态精度高和动作灵敏度高的特点，另外为便于计算机集中控制，还应满足惯量小、动力大、体积小、质量轻、便于维修和安装、易于计算机控制等要求。

工业机械手是一种自动控制、可重复编程、多自由度的操作机，是能搬运物料、工件或操作工具以及完成其他各种作业的机电一体化设备。工业机械手末端执行器装在操作机械手腕的前端，是直接执行操作功能的机构。

1.2.1 机械夹持器

机械夹持器是工业机械手中最常用的一种末端执行器，如图 1-1 所示为教学型机器人中的机械夹持器。

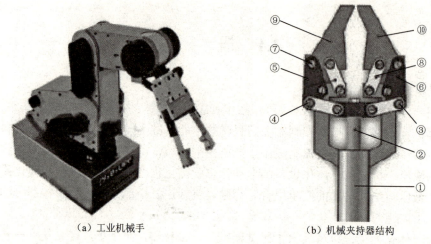

（a）工业机械手　　　　（b）机械夹持器结构

图 1-1　机械夹持器

1—支架、2—气动杆、3、4—大螺钉、5、6—三孔连杆、7—小螺钉、8—短连杆、9、10—手指

机械夹持器应具备的基本功能：首先它应具有夹持和松开的功能。夹持器在夹持工件时，应有一定的力约束和形状约束，以保证被夹工件在移动、停留和装入过程中，不改变姿态。当需要松开工件时，应完全松开。另外它还应保证工件夹持姿态再现几何偏差在给定的公差带内。

机械夹持器常用压缩空气作为动力源，经传动机构实现手指的运动。根据手指夹持工件时运动轨迹的不同，机械夹持器可分为圆弧开合型、圆弧平行开合型和直线平行开合型。

1.2.2 特种末端执行器

1. 真空吸附手

工业机器人中常把真空吸附手与负压发生器组成一个工作系统（见图 1-2、图 1-3），控制电磁换向阀的开合可实现对工件的吸附和脱开。其结构简单，价格低廉，且吸附作业具有一定的柔顺性（如图 1-4 所示），即使工件有尺寸偏差和位置偏差也不会影响吸附手的操作。常用于小件搬运，也可根据工件形状、尺寸、重量的不同将多个真空吸附手组合使用。

2. 电磁吸附手

利用通电线圈的磁场对可磁化材料的作用力来实现对工件的吸附作用。其具有结构简单、价格低廉等特点，但其最特殊的是：吸附工件的过程从尚未接触到工件开始，工件与吸附手接触之前处于漂浮状态，即吸附过程由极大的柔顺状态突变到低的柔顺状态。吸附力由通电线圈的磁场提供，所以可用于搬运较大的可磁化材料的工件。

图 1-2 真空吸附手

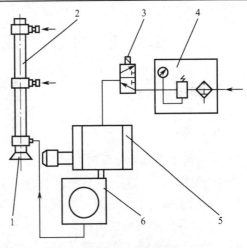

图 1-3 真空吸附系统

1—吸附手；2—送进缸；3—电磁换向阀；4—调压单元；
5—负压发生器；6—空气净化过滤器

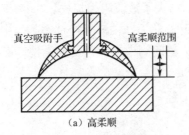

(a) 高柔顺

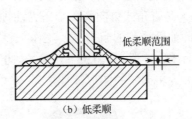

(b) 低柔顺

图 1-4 柔顺真空吸附手

吸附手的形式根据被吸附工件表面形状来设计，用于吸附平坦表面工件的应用场合较多。图 1-5 所示的电磁吸附手可用于吸附不同的曲面工件，这种吸附手在吸附部位装有磁粉袋，线圈通电前将可变形的磁粉袋贴在工件表面上，当线圈通电励磁后，在磁场作用下，磁粉袋端部外形固定成被吸附工件的表面形状，从而达到吸附不同表面形状工件的目的。

3. 灵巧手

灵巧手是一种模仿人手制作的多指多关节的机器人末端执行器。它可以适应物体外形的变化，对物体提供任意方向、任意大小的夹持力，可以满足对任意形状、不同材质的物体操作和抓持要求，但其控制、操作系统技术难度较大。图 1-6 为灵巧手的实例。

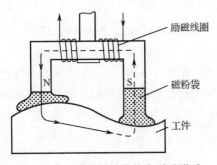

图 1-5 具有磁粉带的电磁吸附手

图 1-6 灵巧手

1.3 自动化生产线常用液压、气压元件

1.3.1 常用液压元件

1. 单向阀

1) 单向阀（普通单向阀）

单向阀又称为止回阀，它只允许液流在管道内沿一个方向流动，反向流动时不通。

单向阀的结构简单，如图 1-7 所示，主要由阀体、阀芯和弹簧等零件组成。单向阀按其结构可分为直通式和直角式两种。

图 1-7（a）是直通式单向阀。当压力油从进油口引入后，推动阀芯 2 右移压缩弹簧 3，油液经阀芯上的四个径向孔 a 和内孔 b 从出油孔流出。当油液反向流动时，液压力与弹簧力方向一致，将阀芯紧紧压在阀体 1 的阀座上，使液流不能通过。直通式单向阀的阀芯被顶开后，油液始终从弹簧孔中流出，易产生振动和噪声，增大了液流阻力损失。

图 1-7（b）是直角式单向阀。当压力油顶开阀芯后，油液不经过阀芯的中心孔而直接流向出油口，因此油液受到的阻力小，工作平稳。单向阀中的弹簧主要是使阀芯复位，所以弹簧较软。其开启压力一般为 $(0.35\sim0.5)\times10^5$Pa。

图 1-7（c）为单向阀的图形符号。

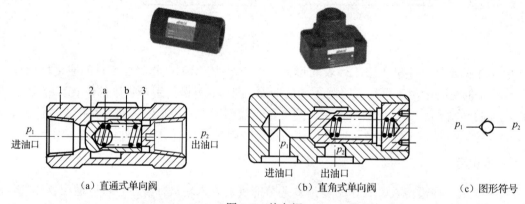

(a) 直通式单向阀   (b) 直角式单向阀   (c) 图形符号

图 1-7 单向阀

1—阀体；2—阀芯；3—弹簧；a—径向孔；b—内孔

2) 单向阀的应用

用于双泵系统：如图 1-8 所示，两台液压泵轮流工作向系统供油。在这种系统中，必须在泵的出口管路上串联一个单向阀，以防止工作泵输出的压力油倒灌进备用泵。

用作背压阀：把单向阀串联在液压缸的回油管路上，如图 1-9 所示，使回油路上保持一定的背压力，增加工作机构的平稳性。单向阀用作背压阀时，应换上较硬的弹簧，使背压力为 $(0.2\sim0.5)$MPa。

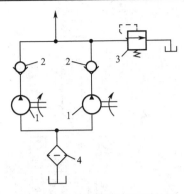 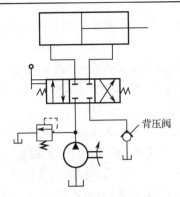

图 1-8 单向阀用于双泵系统图　　　　图 1-9 单向阀用作背压阀

1—液压泵；2—单向阀；3—溢流阀；4—滤油器

3）液控单向阀

液控单向阀的结构如图 1-10 所示。它主要由阀体、单向阀芯、卸载阀芯及控制活塞等组成。其结构比直角式单向阀多一个控制油口、控制活塞和卸载阀芯。当控制油口 K 未引入压力油时，其作用与普通单向阀相同，即油液从 A 腔进入，打开单向阀从 B 腔流出。当油液反向流动时，单向阀关闭，油液不能通过。如果从 K 口引入控制压力油，则控制活塞在油压力作用下向上移动，顶开卸载阀芯，使主油路卸压，然后再顶开单向阀芯，使 A 腔和 B 腔形成通路，实现油液的反向流动。液控单向阀采用锥形阀芯，因此密封性能好。在要求封闭油路时，可用此阀作为油路的单向锁紧而起保压作用。

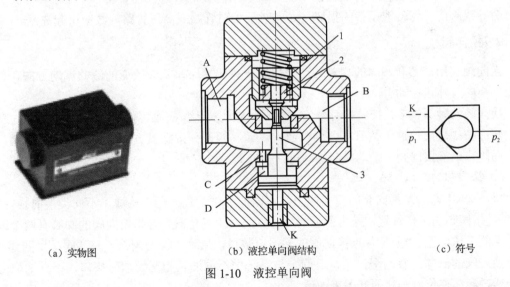

(a) 实物图　　　　(b) 液控单向阀结构　　　　(c) 符号

图 1-10 液控单向阀

1—单向阀芯；2—卸载阀芯；3—控制活塞

4）液控单向阀的应用

液控单向阀用于液压缸的锁紧，如图 1-11 所示。液控单向阀安装在换向阀与液压缸之间，阀 4 的控制油路接在阀 5 的进油路上，阀 5 的控制油路接在阀 4 的进油路上。当压力油从阀 4 进入液压缸下腔时，通过控制油路把阀 5 打开，液压缸上腔的回油经阀 5 回油箱，活塞上升。同理，当压力油从阀 5 进入液压缸上腔时，液压缸下腔回油经阀 4 回油箱，活塞下降。当换向阀处于中间位置时，两液控单向阀的进油口均与油箱相通而失去压力，单向阀迅速关闭，液压缸活塞可以被锁紧在任意位置上。由于其锁紧精度仅受液压缸内泄漏的影响，锁紧精度很高。汽车起重机的支腿锁紧就是其应用实例。此外，这种回路也用于矿山采掘机械的液压支架的锁紧回路。

5）单向阀的安装及连接

直通式单向阀用螺纹连接安装在管路上，属于管式连接阀。此类阀的油口可通过管接头和油管相连，阀体的重量靠管路支承，因此阀不能太大太重。直角式单向阀有螺纹连接、板式连接和法兰连接三种形式。图 1-7（b）所示的阀属于板式连接阀，阀体用螺钉固定在机体上，阀体的平面和机体的平面紧密贴合，阀体上各油孔分别和机体上相对应的孔对接，用 O 形密封圈使它们密封。

不但单向阀有管式连接和板式连接之分，其他阀类也有管式连接和板式连接之分。大多数液压系统都采用板式连接。可将所有的阀安装在一个板面上或集成回路块上，使形体美观、整洁、又便于维护和更换。

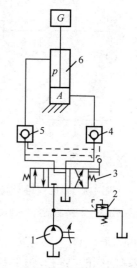

图 1-11　液控单向阀用于液压缸的锁紧
1—液压泵；2—溢流阀；3—手动换向阀；
4，5—液控单向阀；6—液压缸

安装单向阀时，应特别注意介质流动方向，应使介质正常流动方向与阀体上指示的箭头方向相一致，否则就会截断介质的正常流动。单向阀关闭时，会在管路中产生水锤压力，严重时会导致阀门、管路或设备的损坏，尤其对于大口管路或高压管路，故应引起注意。

2．换向阀

换向阀利用阀芯和阀体的相对运动来接通或关闭油路，从而改变油液的流动方向，使执行元件换向或停止运动。

换向阀的种类较多，按结构可分为滑阀式和转阀式；按阀芯工作位置可分为二位、三位、多位阀；按阀进出口通道数目可分为二通、三通、四通；按操纵方式可分为电磁换向阀、液动换向阀、电液换向阀、手动换向阀、机动换向阀等。

1）换向阀的"位"和"通"

"位"和"通"是换向阀的重要概念，不同的"位"和"通"构成了不同类型的换向阀。"位"是指阀芯的工作位置，通常所说的"二位阀"、"三位阀"是指换向阀的阀芯有两个或三个不同的工作位置。"通"是指换向阀的通油口数目，所谓"二通阀"、"三通阀"、"四通阀"是指换向阀的阀体上有两个、三个、四个与系统中不同油管相连的油道接口，不同油道之间只能通过阀芯移位时阀口的开关来沟通。

图形符号的含义如下：

① 方框表示阀的工作位置，有几个方框就表示有几"位"。
② 方框内的箭头表示油路处于接通状态，但箭头方向不一定表示液流的实际方向。
③ 方框内符号"⊥"或"⊤"表示该通路不通。
④ 方框外部连接的接口数有几个，就表示几"通"。
⑤ 阀与系统供油路连接的进油口用字母 P 表示，阀与系统回油路连通的回油口用 T（有

时用 O) 表示，阀与执行元件连接的油口用 A、B 等表示，有时在图形符号上用 L 表示泄漏油口。

⑥ 换向阀都有两个或两个以上的工作位置，其中一个为常态位，即阀芯未受操纵力时所处的位置。图形符号中的三位阀的常态位是中位，利用弹簧复位的二位阀则以靠近弹簧的方框内的通路状态为其常态位。绘制系统图时，油路一般应连接在换向阀的常态位上。

几种不同"位"和"通"的滑阀式换向阀主体部分的结构形式和图形符号如表 1.1 所示。

表 1.1 不同的"位"和"通"的滑阀式换向阀主体部分的结构形式和图形符号

名 称	结构原理图	图形符号
二位二通	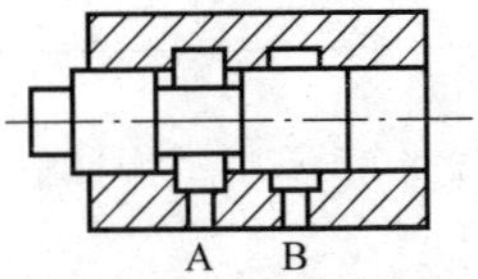	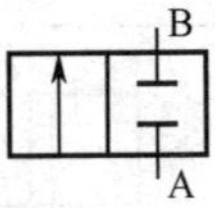
二位三通	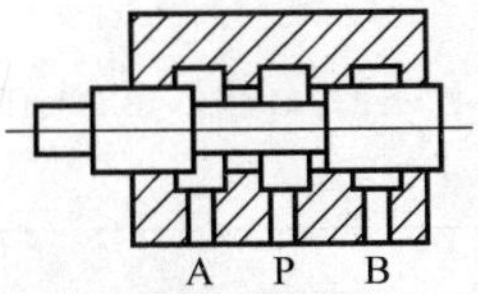	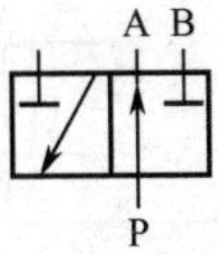
二位四通	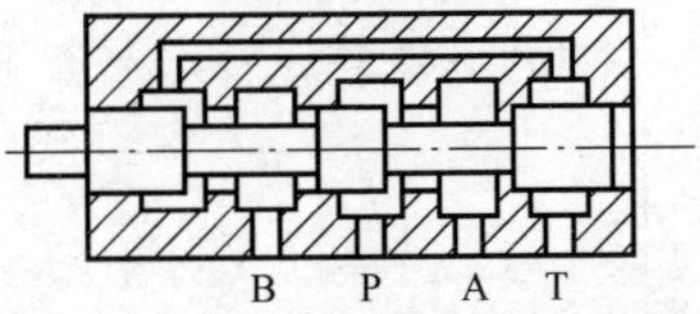	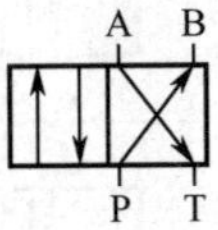
三位四通	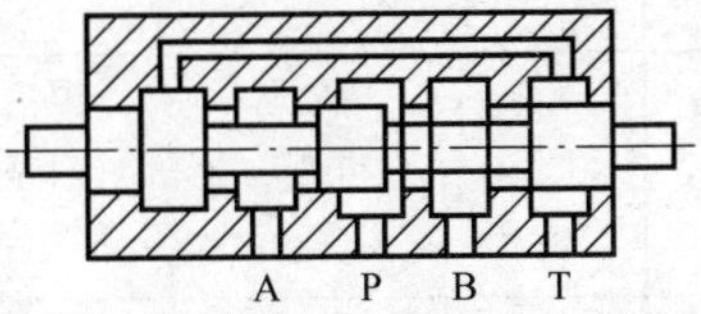	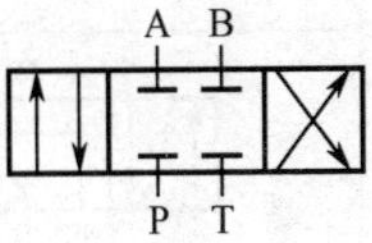

2）滑阀机能

滑阀式换向阀处于中间位置或原始位置时，阀中各油口的连通方式称为换向阀的滑阀机能。滑阀机能直接影响执行元件的工作状态，不同的滑阀机能可满足系统的不同要求，正确选择滑阀机能是十分重要的。三位四通换向阀的滑阀机能有很多种，常见的有表 1.2 中所列的几种。中间一个方框表示其原始位置，左右方框表示两个换向位，其左位和右位各油口的连通方式均为直通或交叉相通，所以只用一个字母来表示中位的形式。

3）换向阀的种类

（1）电磁换向阀

电磁换向阀由电磁铁产生的推力推动阀芯相对阀体移动来控制油液的通断及方向改变。电气信号的控制与传递都较方便，便于自动化和远距离控制。

阀用电磁铁根据所用电源的不同有以下三种。

交流电磁铁：阀用交流电磁铁的使用电压一般为交流 220V，电气线路配置简单。交流电磁铁启动力较大，换向时间短，但换向冲击大，工作时温升高（故其外壳设有散热筋）；当阀芯卡住时，电磁铁线圈因电流过大易烧坏，可靠性较差，所以切换频率不许超过 30 次/分；寿命较短。

表 1.2　三位四通阀常用的滑阀机能形式

形式	符号	中位油口状况、特点及应用
O 形		P、A、B、T 四口全封闭，液压缸闭锁，可用于多个换向阀并联工作，泵不卸荷
H 形		P、A、B、T 口全通；活塞浮动，在外力作用下可移动，泵卸荷
Y 形		P 封闭，A、B、T 口相通；活塞浮动，在外力作用下可移动，泵不卸荷
K 形		P、A、T 口相通，B 口封闭；活塞处于闭锁状态，泵不卸荷
M 形		P、T 口相通，A 与 B 口均封闭；活塞闭锁不动，泵卸荷，也可用多个 M 形换向阀并联工作
X 形		四油口处于半开启状态，泵基本上卸荷，但仍保持一定压力
P 形		P、A、B 口相通，T 封闭；泵与缸两腔相通，可组成差动回路
J 形		P 与 A 封闭，B 与 T 相通；活塞停止，但在外力作用下可向一边移动，泵不卸荷
C 形		P 与 A 相通；B 与 T 封闭；活塞处于停止位置
U 形		P 和 T 封闭，A 与 B 相通；活塞浮动，在外力作用下可移动，泵不卸荷

直流电磁铁：直流电磁铁一般使用 24V 直流电压，因此需要专用直流电源。其优点是不会因铁芯卡住而烧坏（故其圆筒形外壳上没有散热筋），体积小，工作可靠，允许切换频率为 120 次/分，换向冲击小，使用寿命较长，但启动力比交流电磁铁小。

本整型电磁铁：电磁铁本身带有半波整流器，可以直接使用交流电源，具有直流电磁铁的结构和特性。

电磁换向阀由电磁铁产生的推力推动阀芯相对阀体移动来控制油液的通断及方向改变。

图 1-12 所示为三位四通电磁换向阀的结构和图形符号。阀体内有 5 条沉割槽（环形槽），中间的一条沉割槽与进油口 P 相通（接压力油），两边的槽与 T 口相通（接回油箱），A、B 两油口分别接执行元件。当两边电磁铁均不通电时，在两复位弹簧的作用下阀芯处于中间位置，各油口间被阀芯台肩封死互不相通。当右边电磁铁通电时，铁芯通过推杆将阀芯推向左端，这时油口 P 和 A 相通，而油口 B 和 T 相通；当左边电磁铁通电时，阀芯被推向右端，这时油口 P 和 B 相通，而油口 A 和 T 相通，实现了油路的换向。

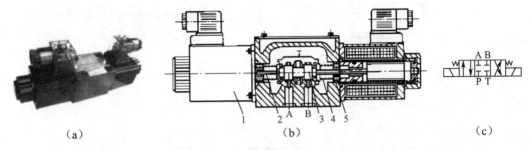

图 1-12　三位四通电磁换向阀
1—电磁铁；2—推杆；3—阀芯；4—弹簧；5—挡圈

图 1-13 所示为二位三通电磁换向阀的结构和图形符号。它只有一个电磁铁，阀体上有三条沉割槽，分别连通 P、A、B 三个油口。当电磁铁断电时，阀芯在靠弹簧端工作，油口 P 与 A 相通。当电磁铁通电时，阀芯被推向右端，油口 A 封闭，而油口 P 与 B 相通。

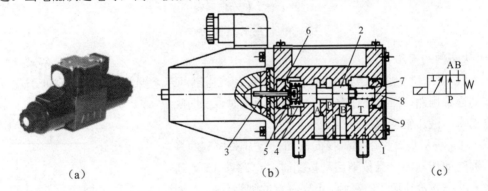

图 1-13　二位三通电磁换向阀
1—阀体；2—阀芯；3—推杆；4,7—弹簧；5,8—弹簧座；6—O 形密封圈；9—后盖

（2）手动换向阀

手动换向阀用手动杠杆来推动阀芯在阀体里移动，以实现液流的换向。图 1-14（a）为三位四通自动复位式手动换向阀。当手柄向左扳时，阀芯右移，油口 P 和 A 接通，B 和 T 接通。当手柄向右扳动时，阀芯左移，这时油口 P 和 B 接通，油口 A 通过油槽和阀芯的中心孔与 T 接通，实现换向。放松手柄时，右端的弹簧能够自动将阀芯恢复到中间位置，使油路断开，所以称为自动复位式，这种阀不能定位在两端位置上。图 1-14（b）为三位四通弹簧钢珠定位式换向阀。

（3）机动换向阀

机动换向阀又称行程换向阀，它用挡铁或滚轮推动阀芯移动来控制油液流动方向。机动换向阀通常是二位的，有二通、三通等几种。二位二通的分常闭、常通两种。图 1-15（b）为二位二通机动换向阀，阀芯被弹簧压向左端，油腔 P 和 A 不通；当挡铁压住滚轮时，阀芯移动到右端，油腔 P 和 A 接通。挡铁和滚轮脱离接触后，阀芯靠弹簧复位。图 1-15（c）是其图形符号。

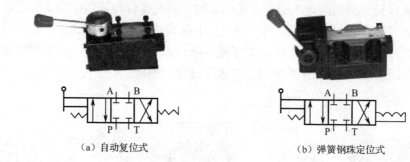

(a) 自动复位式　　　　　　　(b) 弹簧钢珠定位式

图 1-14　手动换向阀

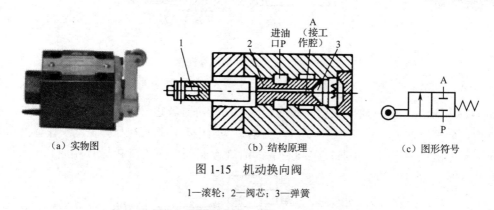

(a) 实物图　　　　　(b) 结构原理　　　　　(c) 图形符号

图 1-15　机动换向阀

1—滚轮；2—阀芯；3—弹簧

4）换向阀的应用

图 1-16 是二位三通电磁换向阀用于控制差动液压缸的示意图。电磁换向阀处于左位时，构成差动连接回路，活塞快速左行。电磁铁通电时，换向阀在右位工作，液压缸活塞右行。

图 1-17 所示是一种用电磁换向阀和行程开关控制的多缸并联顺序动作回路。当按下启动按钮时，电磁铁 1YV 通电，压力油进入液压缸 I 的左腔，I 缸右腔的油液经阀 A 回油箱，活塞在压力油作用下按箭头 1 所示方向右行。达到要求位置时压下行程开关 6，电磁铁 1YV 断电，I 缸的活塞停止运动。行程开关 6 同时使 3YV 通电，压力油进入 II 缸的左腔，II 缸右腔的油经阀 B 回油箱，活塞在压力油作用下按箭头 2 所示方向向右运动。达到要求位置时，压下行程开关 8，使 3YV 断电，II 缸的活塞停止运动。同理，行程开关 8 使 2YV 通电，I 缸活塞按箭头 3 方向左移。而行程开关 5 使 4YV 通电，II 缸活塞按箭头 4 方向左移，到位后行程开关 7 使 4YV 断电，活塞停止运动，完成一个工作循环。若需要 1～4 动作循环，可令行程开关 7 发讯使 4YV 断电的同时使 1YV 通电即可实现。循环过程中停止回路动作的命令，可由停止按钮实现。

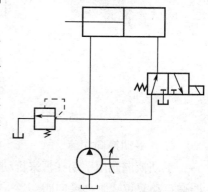

图 1-16　二位三通阀控制的差动回路

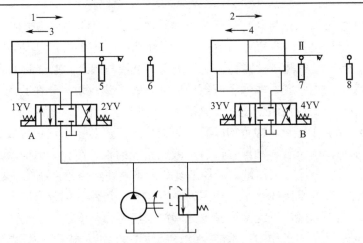

图 1-17 电磁换向阀控制的顺序动作回路

用电磁阀控制的并联顺序动作回路，工作行程的调整比较方便，动作顺序的改变也很容易，因此得到广泛应用。

5）换向阀的选择

换向阀的选择应主要考虑它们在系统中的作用、所通过的最高压力和最大流量、操纵方式、工作性能要求及安装方式等因素，尤其应注意单杆活塞液压缸中由于面积差形成的不同回油量对换向阀正常工作的影响。应根据所需控制的流量选择合适的换向阀通径。换向阀的流量如果选得过小，会增加其压力损失，降低系统效率。一般只有在必要时才允许阀的实际流量比额定流量大，但不能大于 20%。如果阀的流量选得过大，又会增加整个系统装置的体积，使成本增加。

根据自动化程度的要求和主机工作环境情况选用适当的换向阀操纵控制方式。如工业设备液压系统，由于工作场地固定，且有稳定电源供应，故通常要选用电磁换向阀或电液动换向阀；而野外工作的液压设备系统，主机经常需要更换工作场地且没有电力供应，故需考虑选用手动换向阀；再如在恶劣环境（如潮湿、高温、高压、有腐蚀气体等）下工作的液压设备系统，为了保证人身设备的安全，则可考虑选用气控液压换向阀。同是一种换向阀，其滑阀机能是各种各样的，应根据系统的性能要求选取适当的滑阀机能。例如，当系统要求液压泵能卸荷而执行元件又必须能在任意位置停止时，可选择 M 形机能的换向阀；当系统采用液控单向阀对液压缸进行锁紧时，与之对应的换向阀一般选择 Y 形机能的换向阀。对一些工作性能要求较高，流量较大的系统，一般尽可能选用直流电磁阀，但它需要直流电源；其余流量较小的系统则可选用交流电磁换向阀，使成本降低，使用方便。

6）换向阀的安装及连接

根据整个液压系统各种液压阀的连接安装方式协调一致的原则，选用合适的安装连接方式。电磁换向阀多为板式阀，用螺钉固定在与阀有对应油口的平板式或阀块式连接体上。其优点是更换元件方便，不影响管路，并且有可能将阀集中布置。与板式阀相连的连接体有连接板和集成块两种形式。连接板是将板式阀固定在连接板上面，阀间油路在板后用管接头和管子连接。这种连接板简单，检查油路较方便，但板上油管多，装配极为麻烦，占空间也大。集成块是一个正六面连接体。将板式阀用螺钉固定在集成块的三个侧面上，通常三个侧面各装一个阀，有时在阀与集成块间还可以用垫板安装一个简单的阀，如单向阀、节流阀等。剩余的一个侧面则安装油管，连接执行元件。集成块的上、下面是块与块的接合面，在各集成块的结合面上同一坐标位置的垂直方向钻有公共通油孔：压力油孔 P、回油孔 T、泄漏油孔 L 以及安装螺栓孔，有时还有测压油路孔。块与块之间及块与阀之间接合面上的各油口用 O 形密封圈密封。在集成块内打孔，沟通各阀组成回路。每个集成块与装在其周围的阀类元件构成一个集成块组。每个集成块组就是一个典型回路。根据各种液压系统的不同要求，选择若干不同的集成块组叠加在一起，即可构成整个集成块式液压装置。这种集成方式的优点是结构紧凑，占地面积小，便于装卸和维修，可把液压系统的设计简化为集成块组的选择，因而得到广泛应用。但它也有设计工作量大，加工复杂，不能随意修改系统等缺点。

电磁阀的安装一般要求阀体水平，线圈需垂直向上。虽然有部分产品允许任意安装，但只要条件允许，一定要垂直，以此来增长电磁阀的使用寿命。看清阀上箭头标识的管路流体方向，一般电磁阀都是单向工作的，不能反装，阀体上的箭头一定要与管路流体方向保持一致。需要连续生产工作的电磁阀，最好安装在旁路，这样便于日后检修，也不影响生产。确保线圈、触点的牢固，电磁阀线圈接插件的引出线连接好后，一定要确认是否牢固；与电器元件连接的触点不能抖动，松动会引起电磁阀不工作，从而导致机器故障。电磁阀若长时间停用，应当排清凝结物再使用，拆装清洗时，一定要按顺序放好，再复原安装。

3．压力控制阀

在液压系统中，用来实现压力的控制和调节，或以液压力作为控制信号的阀类统称为压力控制阀。它们共同的特点是利用油液的压力与阀中的弹簧力相平衡这一原理来工作。压力控制阀简称压力阀，它包括用来控制液压系统的压力或利用压力变化作为信号来控制其他元件动作的阀类。

1）溢流阀

液压泵的工作压力是由外负载决定的。当外负载很大，使系统的压力超过液压泵的机械强度和密封性能所决定的额定压力时，整个系统就不能正常工作，必须限制系统工作压力在额定压力范围内。溢流阀的基本功能就是在系统的压力超过或等于溢流阀的调定压力时，使系统的油液通过阀口溢出一部分回油箱，防止系统的压力过大，起安全保护作用。溢流阀分为直动式和先导式两种形式。

（1）直动式溢流阀

图 1-18 所示为直动式溢流阀的结构图。P 为进油口，T 是回油口。进口压力油经阀芯下端的径向孔、轴向小孔 a 进入阀芯底部端面上，形成一个向上的液压作用力。当进口压力较低时，阀芯在弹簧力的作用下被压在图示最下端位置，阀口（即进、回油口 P、T 之间在阀内的通道）被阀芯封闭，阀不溢流。当阀的进口压力升高，使阀芯下端的液压作用力足以克服弹簧对阀芯的作用力时，阀芯向上移动，压缩弹簧，此时阀口被打开，进、出油口接通而溢流。由间隙处泄漏到弹簧腔的油液可通过泄漏孔 b 经回油口排回油箱。调节螺帽可改变弹簧对阀芯的作用力，从而调整进油口的油压即溢流阀的溢流压力。此阀是靠液压力与阀芯调压弹簧力直接平衡而控制阀口启闭的，故称为直动式溢流阀。

要求控制的液压力越高，则溢流阀的弹簧越硬，相应压力的变化值就越大，所以直动式溢流阀一般用在压力较低的场合。直动式溢流阀的特点是结构简单，反应灵敏。

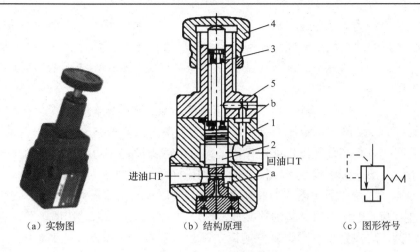

图 1-18 直动式溢流阀

1—阀体；2—阀芯；3—调压弹簧；4—调压螺帽；5—上盖；a—轴向小孔；b—泄漏孔

(2) 先导式溢流阀

先导式溢流阀的工作原理如图 1-19 所示。油腔 b 和进油口相通，油腔 d 和回油口相通。压力油从油腔 b 进入，作用在主阀芯大直径台肩下部的圆环形面积上，并通过主阀芯中的小孔，流到下端面油腔中，作用于主阀芯的下端。同时，压力油又经过阻尼小孔 e 进入主阀芯的上油腔 a，还经阻尼小孔 f、g 作用于先导调压阀的锥阀上。

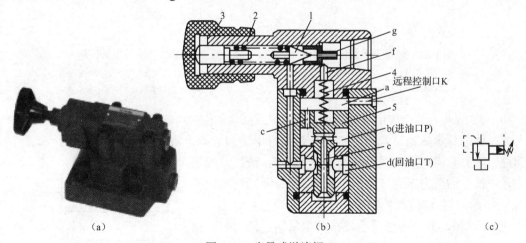

图 1-19 先导式溢流阀

1—阀芯；2—调压弹簧；3—调压螺帽；4—主阀弹簧；5—主阀芯；
a—上油腔；b，d—油腔；c、e、f、g—阻尼小孔

当进油压力升高到能够打开先导调压阀时，锥阀就压缩调压弹簧并将油口打开，压力油通过阻尼小孔 e 经锥阀流回油箱。由于阻尼小孔的作用是产生压力降，所以主阀芯上部的液压力小于下部的液压力。当主阀芯上下两端压力差所产生的作用力超过主阀弹簧的作用力时，主阀芯被抬起，油腔 b 和油腔 d 接通，油液流回油箱，实现溢流。

(3) 溢流阀的应用

图 1-20 所示定量泵节流调速液压系统中，溢流阀与泵并联，起溢流作用，其调定压力等

于系统的最大工作压力。系统工作时，溢流阀常开。调节节流阀的开口度大小来控制进入液压缸的流量，多余的油液从溢流阀溢流回油箱。随着执行元件所需流量（运动速度）的不同，阀的溢流量也不同，但液压泵的工作压力则基本保持恒定。调节溢流阀的调压弹簧，即可调节系统的供油压力。

在图 1-20 中，若去掉节流阀，将泵改为普通变量泵，则溢流阀起安全保护作用，用于限定系统的最高压力。溢流阀调定压力等于系统最大工作压力的 1.05～1.1 倍，当系统正常工作时，溢流阀常闭。只有当系统出现误操作，使得压力达到调定压力时，溢流阀才开启。

图 1-21 所示为溢流阀用于远程调压的多级调压回路。图中 3 为远程调压阀，接先导溢流阀 2 的远控口。当二位二通电磁换向阀 4 关闭时，液压泵的出口压力由溢流阀 2 调定为 p_1。当二位二通电磁阀通电切换后，其油路接通，这时泵的出口压力由远程调压阀调定为 p_2。在采用这种回路时，应注意使远程调压阀的调定压力小于主溢流阀本身的调定压力，否则远程调压阀将不起作用。

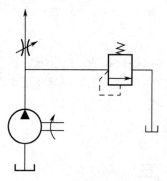

图 1-20　定量泵系统溢流调压

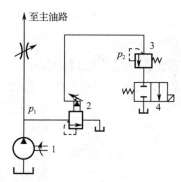

图 1-21　多级调压回路

1—单向定量泵；2—先导溢流阀；
3—远程调压阀；4—电磁换向阀

图 1-22 所示为溢流阀用于卸荷回路。将二位二通电磁换向阀安装在溢流阀的遥控口（两者做成一体的称电磁溢流阀）油路上，卸荷时电磁阀通电，将遥控口与油箱接通。此时溢流阀的进口压力只需克服主阀芯弹簧力便可溢流，液压泵的输出流量在很小的压力下通过溢流阀流回油箱。而通过电磁阀的流量很小，只是溢流阀控制腔的流量（即通过主阀芯上阻尼小孔的流量），故只需选用小规格的电磁阀。卸荷时，溢流阀处于全开状态，停止卸荷系统重新工作时，不会产生压力冲击现象，故适用于高压大流量系统中。

2）减压阀

减压阀在液压系统中起减压作用，并当进出口液压出现波动时，仍能保持阀的出口压力基本恒定，使液压系统中某一部分得到一个降低了的稳定压力。它常用于夹紧、控制、润滑等油路中。

图 1-23 所示为减压阀的实物图、结构原理和图形符号。压力为 p_1 的油液（也称一次压力），经阀的进油口进入 a 腔，

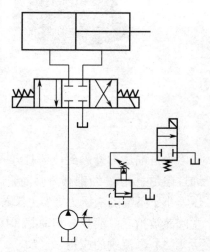

图 1-22　电磁溢流阀卸荷回路

再经过主阀芯和阀体之间形成的开口量为 x 的减压口到达 b 腔；从出油口排出，其压力为 p_2（也称二次压力）。与出油口相通的 b 腔中的油液，一路经小孔 g 到达主阀芯的下腔 c，另一路经阻尼小孔 d，油腔 k，孔 e、f 作用在调压锥阀 3 上。

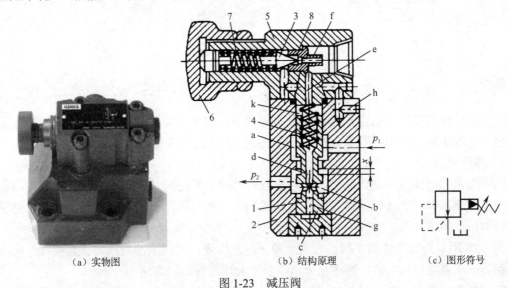

图 1-23 减压阀

1—主阀芯；2—阀体；3—调压锥阀；4—主阀弹簧；5—阀盖；

6—调压螺帽；7—调压弹簧；8—锥阀座

当出油腔的压力小于调压锥阀的调定压力时，调压锥阀关闭，阻尼小孔 d 中没有油液流动，主阀芯上下两端的油压相等。这时主阀芯在主阀弹簧的作用下处于最下端位置，减压口全部打开，即开口量 $x=x_{max}$ 时减压口无减压作用。

当出口压力达到调定值时，锥阀开启，流过锥阀芯和阀座所形成的缝隙的液流，经过回油通道，从单独的回油口 h 回油。由于阻尼小孔 d 的降压作用，主阀芯下部液压力大于上部液压力，在压力差的作用下主阀芯上移，形成一定的减压开口量 x，减压阀进入某一稳态工作，阀正常工作时，$x < x_{max}$。

在液压系统中，一个油源供应多个支路工作，且当各支路要求的压力值大小不同时，这就需要减压阀去调节。利用减压阀可以组成不同压力级别的液压回路。

如图 1-24 所示，液压泵 3 同时向液压缸 1 和液压缸 2 供油，缸 1 的负载力为 F_1，缸 2 的负载力为 F_2，设 $F_1 > F_2$。若没有减压阀 4 和节流阀 5，哪个缸的负载较小，则哪个缸先动，即只有缸 2 的活塞到位后压力继续上升，缸 1 才动作。加上减压阀后就解决了这一矛盾，两缸可分别动作而不会因负载的大小互相干扰。

若不加节流阀，尽管缸 1 有相当的负载力，溢流阀有相对应的调定压力，若缸 2 负载为零，则减压阀的二次压力即出口压力为零，减压口不起减压作用且将减压口的上下游沟通，这时减压阀的一次压力即进口压力也为零，这种现象叫减压阀一次压力失压，此时缸 1 将无法正常工作。有了节流阀，可使减压阀出口总是有相当的压力，即可避免这一现象的出现。

图 1-25 所示的液压缸是一个夹紧缸。当活塞杆通过夹紧机构夹紧工件时，活塞的运动速度为零，因减压阀的作用仍能使液压缸工作腔中的压力基本恒定，故可保持恒定的夹紧力，不致因夹紧力过大而将工件夹坏。

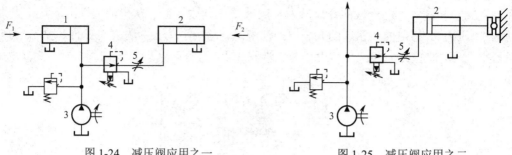

图 1-24 减压阀应用之一　　　　图 1-25 减压阀应用之二

因为减压阀出口压力稳定,所以在有些回路中,虽然不需要减压,但为了获得稳定的压力,也加上减压阀。例如,用压力控制的液动换向阀、液控顺序阀。

3）顺序阀

顺序阀是利用油液压力作为控制信号来控制油路通断的阀,使各执行油路按预先确定的先后动作顺序通断。顺序阀的结构也有直动式和先导式两种,一般先导式用于压力较高的液压系统中。

图 1-26 所示为直动式顺序阀,为避免弹簧过于粗硬,控制油不与阀芯直接接触,而是作用在阀芯下端处直径较小的控制活塞上,以减小油压对阀芯的作用力。

顺序阀的工作原理为:进口压力油通过阀体和下端盖上的小孔引到控制活塞的下端,当液压力低于阀内弹簧的调定值时,阀芯仍处于图示的最低位置,阀口关闭,油液不能通过顺序阀。当进口液压力达到弹簧的调定值时,控制活塞才有足够的力量克服弹簧的作用力将阀芯顶起,使阀口打开,进出油在阀内形成通路,此时油液经过顺序阀从出口流出。图 1-26（c）为直动式顺序阀的一般图形符号。若将此阀的下端盖旋转 90° 安装,并将 c 口处丝堵取下,外接压力油作控制油,这便成为外控顺序阀。其图形符号如图 1-26（d）所示,这时顺序阀上部的泄油口必须接回油箱。若将顺序阀的上端盖旋转 90° 安装,使泄油口和出油口互通,并一起接通油箱,这时便成为卸荷阀,其图形符号如图 1-26（e）所示。

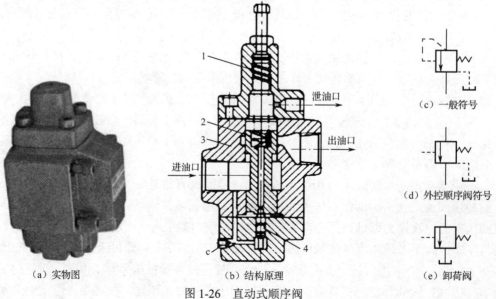

图 1-26 直动式顺序阀

1—调压弹簧；2—阀芯；3—阀体；4—控制活塞

图 1-27 所示为先导式顺序阀，主阀和先导阀均为滑阀式，其外形与溢流阀相似。

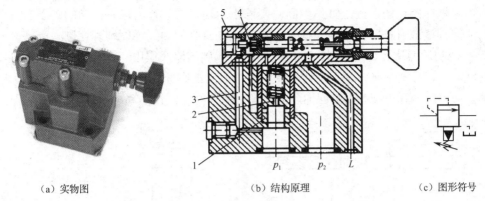

(a) 实物图　　　　　(b) 结构原理　　　　　(c) 图形符号

图 1-27　先导式顺序阀

1—主阀芯；2—阻尼小孔；3—孔道；4—滑阀；5—先导阀

压力油进入顺序阀作用在主阀一端，同时压力油分两路，一路经孔道 3 进入先导阀 5 左端，作用在滑阀 4 的左端面上，一路经阻尼小孔 2 进入主阀芯 1 上端，并进入先导阀的中间环形部分。当进油压力低于先导阀的调定压力时，主阀关闭，顺序阀无油流出。一旦进油压力超过先导阀的调定压力时，进入先导阀左端的压力油将滑阀 4 推向右端，此时先导阀的中间环形部分与顺序阀出口沟通，压力油经阻尼小孔 2、主阀芯上腔、先导阀流向出口。由于阻尼小孔的作用，主阀芯上腔压力低于进口压力，主阀芯上移，阀口打开，顺序阀进出口接通。从以上分析可知，主阀芯的移动是主阀芯上下压差作用的结果，与先导阀的调整压力无关。因此，顺序阀的进出口压力近似相等。

(1) 单向顺序阀

单向顺序阀是将顺序阀与单向阀并联起来，两阀常装在一个阀体内，其结构和图形符号如图 1-28 所示。这种阀的特点是当压力油反向流动时，可以不经过顺序阀，而从单向阀自由通过，不受顺序阀的限制。

(2) 顺序阀的应用

图 1-29 所示为用顺序阀实现执行元件的顺序动作。工作行程时，换向阀 1 处于图示位置，液压泵输出的压力油先进入液压缸 B 的左腔，使液压缸 B 的活塞按箭头①所示

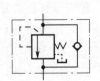

图 1-28　单向顺序阀

的方向右移，当接触工件时，油压升高，在达到足以打开单向顺序阀 2 时，油液才能进入缸 A，使液压缸 A 的活塞沿箭头②所示的方向右移。回程时，阀 1 处在左端的工作位置，缸 A 的活塞先按箭头③的方向回程至终点，压力升高后打开顺序阀 3，液压缸 B 的活塞才能按箭头④的方向开始回程。在这种回路中，顺序阀的调定压力应比先动作的执行元件的工作压力高 0.5MPa 以上，以保证动作顺序的可靠性。

图 1-30 所示为单向顺序阀作平衡阀使用。在具有立式缸的液压回路中，液压缸的负载往往是重物。液压缸下行时，无须克服负载，重力作用下重物帮助液压缸活塞下降，极易造成超速和冲击，因此在缸的回油路上加平衡阀。换向阀处于左位时，来自液压泵的油经平衡阀

和单向阀到达缸的无杆腔，重物上行，液压缸有杆腔的油液经换向阀回油箱。换向阀处于中位时，单向顺序阀锁闭，液压缸不能回油，停止运动，重物被支撑。换向阀处于右位时，来自泵的油液到达缸有杆腔，单向阀截止。同时，来自泵的油经过控制管道进入顺序阀的控制口 K，当控制压力达到调定值时，顺序阀开启，起到节流阀作用，缸无杆腔的油经顺序阀、换向阀回油箱，活塞下降。一旦重物下降超速，液压缸有杆腔压力减小，同时控制口 K 的压力减小，顺序阀的开口减小，缸回油阻力增加。顺序阀节流口的动态阻尼作用增加了稳定性。

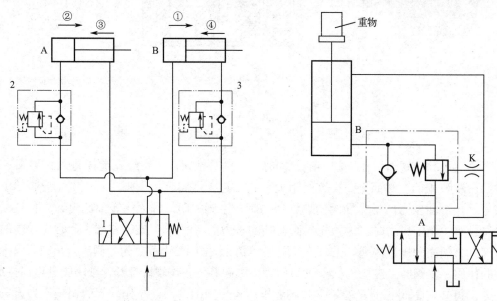

图 1-29　顺序动作回路　　　　　图 1-30　单向顺序阀作平衡阀使用

4）压力继电器

压力继电器是将液压信号转换为电信号的一种转换元件。当系统压力达到压力继电器的调定压力时，它发出电信号控制电器元件，使油路换向、卸压、实现顺序动作或关闭电动机，起安全保护作用。

压力继电器由两部分组成，第一部分是压力—位移转换器，第二部分是电气微动开关。图 1-31 所示为柱塞式压力继电器。液压力为 p 的控制油液进入压力继电器，当系统压力达到其调定压力时，作用于柱塞 1 上的液压力克服弹簧力，顶杆 2 上移，使微动开关 4 的触头闭合，发出相应的电信号。调节螺帽 3 调节弹簧的预压缩量，从而可改变压力继电器的调定压力。

如图 1-32 所示为压力继电器构成的保压回路。系统由蓄能器持续补油保压，保压的最大压力值由压力继电器调定。未达到压力继电器调定压力时，压力继电器不发信号，二位二通阀处于图示位置，溢流阀遥控口封闭，液压泵向蓄能器充油。压力足够高时，压力继电器发出信号，二位二通阀得电，遥控口接通，溢流阀开启使泵卸荷，由蓄能器保压。压力下降到一定程度时，压力继电器停止发信号，使泵重新向蓄能器充油。本回路适用于保压时间长，功率损失小的场合。

图 1-33 所示是一种利用压力继电器控制电磁换向阀实现顺序动作的回路。其中压力继电器 3 和 4 分别控制换向阀通电，实现如图所示①→②→③→④的顺序动作。当1YV 通电时，

压力油进入液压缸 5 左腔，推动液压缸 5 的活塞向右运动。在碰到死挡铁后，压力升高，压力继电器 3 发出信号，使 3YV 通电，压力油进入液压缸 6 左腔，推动其活塞也向右运动。在 3YV 断电，4YV 通电（由其他方式控制）后，压力油推动缸 6 的活塞向左退回，到达终点后，压力又升高，压力继电器 4 发出信号，使 4YV 通电，1YV 断电，液压缸 5 的活塞也左退。为了防止压力继电器在前一行程终了前产生误动作，压力继电器的调定值应比前一动作液压缸的工作压力高 0.3～0.5MPa。

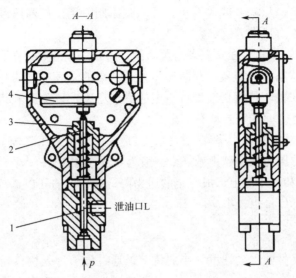

图 1-31　柱塞式压力继电器

1—柱塞；2—顶杆；3—调节螺帽；4—微动开关

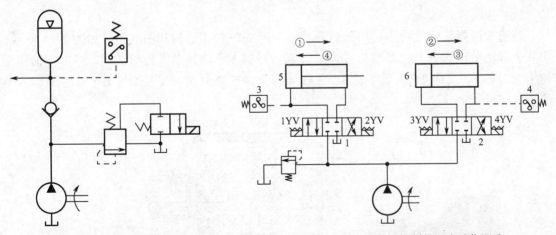

图 1-32　压力继电器的保压回路　　　图 1-33　压力继电器控制的顺序动作回路

采用压力继电器控制比较方便，但由于其灵敏度高，易受油路中压力冲击影响而产生误动作，故只宜用于压力冲击较小的系统，且同一系统中压力继电器数目不宜过多。若能使用延时压力继电器代替普通压力继电器，则会提高其可靠性。

5）压力阀的比较

溢流阀、减压阀和顺序阀在结构、工作原理和特点上有相似的地方，也有不同之处。

① 溢流阀排出的油不做功，直接回油箱；减压阀和顺序阀（作为卸荷阀、平衡阀时除外）排出的油液通向下一级执行元件，输出的油液有一定压力，做功。

② 溢流阀的泄漏油是通过阀体内部与回油口接通的；减压阀、顺序阀的泄油口单独引回油箱。

③ 溢流阀和内控顺序阀是用进口液压力和弹簧力相平衡进行控制的。溢流阀保持进口油压基本不变。顺序阀达到调定压力后开启，其进、出口油液压力可以高于其调定压力，顺序阀的阀芯不需随时浮动，只有开或关两种位置。减压阀是用出口油压进行控制的，其阀芯要不断浮动以保持出口压力基本为恒定。

④ 溢流阀和顺序阀的阀口在常态下是关闭的，而减压阀的阀口在常态下是开启的。溢流阀和减压阀处于工作状态时，溢流口和减压口都是开启的。顺序阀的开启和关闭位置都是工作位置，因为顺序阀在关闭位置仍需维持一定的进口压力，以免影响其他回路的工作。因此对顺序阀的阀芯和阀体之间的密封性有一定要求。

⑤ 溢流阀和减压阀上的压力降都比较大，但是顺序阀上的压降较小。因此希望流过顺序阀的液流在阀中形成的压力损失越小越好，一般为 0.2～0.4MPa。

⑥ 需要在溢流阀和减压阀上形成一定的压力降，故它们的开口量较小。顺序阀需要有较小的压力降，故它的开口量也较小。

4．流量控制阀

液压系统中执行元件的运动速度大小的调节是通过调节进入执行元件的流量的多少来实现的。流量控制阀就是在一定的压差下利用节流口通流截面的变化来调节通过阀的油液流量的。流量控制阀是节流调速系统中的基本调节元件，在定量泵供油的节流调速系统中，必须将流量控制阀与溢流阀配合使用，以便将多余的流量排回油箱。

（1）普通节流阀

普通节流阀是流量阀中使用最普遍的一种形式，它的结构和图形符号如图 1-34 所示。实际上普通节流阀就是由节流口及调节节流口开口大小的调节元件组成的，即由带轴向三角槽的阀芯 1、阀体 2、调节手轮 3、顶杆 4 和弹簧 5 等组成，阀芯 1 与阀体 2 之间形成节流口。

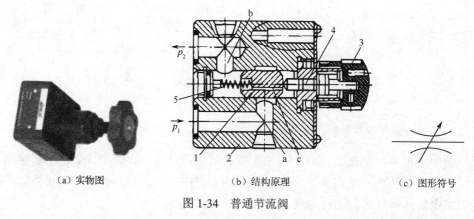

图 1-34　普通节流阀

1—阀芯；2—阀体；3—调节手轮；4—顶杆；5—弹簧；a，b—孔道；c—通道

（2）单向节流阀

图 1-35 所示为单向节流阀及其图形符号。该阀在液压系统中油液正向流动时节流阀起作用，反向流动时液流主要流经单向阀，很少一部分流过节流阀，节流阀基本上不起作用。

（3）调速阀

对于节流阀，工作中阀入口处压力可由溢流阀保持恒定，但随着执行元件负载的变化，节流阀出口的液压力产生变化，节流阀前后的压力差也就发生变化。因此，进入执行元件的流量就发生改变，造成运动速度不稳定。为了避免负载变化对执行元件速度的影响，回路可采用能保持节流阀前后压力差恒定不变的流量阀，即调速阀。

调速阀是由定差减压阀和节流阀串联而成的，由减压阀的自动平衡作用来进行压力补偿，使节流口前后压差 Δp 基本保持恒定，从而稳定所通过的流量。图 1-36 是调速阀的工作原理及其符号。

定差减压阀在负载变化时进行压力补偿的过程如下：若负载增加，引起调速阀出口压力 p_3 增加，作用在减压阀阀芯左端的液压力增大，使减压阀阀芯失去力平衡而右移；于是减压口增大，通过减压口的压力损失减小，使 p_2 也增大；结果使 p_2 和 p_3 的压差基本上不变，从而流量也不变。同理，若负载不变，而 p_1 发生变化，也可以使 p_2 和 p_3 的压差基本不变。当然，从一个平衡状态转变到新的平衡状态时，会经过一个动态过程。

图 1-35 单向节流阀

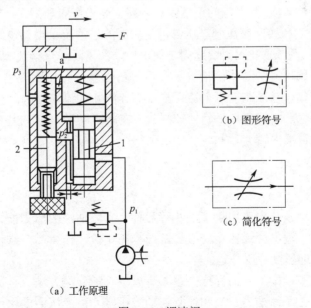

图 1-36 调速阀
1—定差减压阀阀芯；2—节流

（4）流量阀的选择及应用

流量阀的规格根据通过该阀的最高压力和最大流量来选取，同时要考虑其最小稳定流量是否满足该执行元件最低运动速度的要求和调速性能的要求。在使用中，节流阀的进出油口可以反接，但当油路反向流动时调速阀将不起作用。

图 1-37（a）所示为调速阀并联实现两种工作速度换接回路。调速阀 3 和 4 并联，阀的出口经换向阀与液压缸连接。两个调速阀的调整流量不同，切换换向阀便可使液压缸获得不同的工作速度。这种回路的特点是各调速阀的开口可以单独调整，互不影响。但由于一个调速阀工作时，另一个调速阀中没有油液流过，它的减压阀处于完全打开的状态，因此当换向阀切换到使它工作时，液压缸会出现前冲的现象。

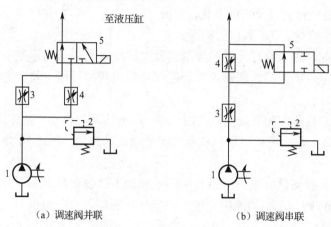

图 1-37　调速阀的速度换接回路

1—液压泵；2—溢流阀；3，4—调速阀；5—换向阀

图 1-37（b）所示为调速阀串联的速度换接回路。其工作原理为：换向阀断电时，液压泵输出的油源经调速阀 3 和换向阀流到液压缸，这时缸的进油流量由调速阀 3 控制，液压缸获得第 I 工进速度；换向阀 5 通电时，调速阀 3 的出口油液需要经过调速阀 4 流到液压缸，在调速阀 4 的流量调整得比调速阀 3 小的情况下，液压缸便得到第 II 工进速度。这种回路在工作时调速阀 3 一直在工作，它限制着进入液压缸或调速阀 4 的流量，因此在换接到第 II 工进速度时不会使液压缸产生前冲现象，平稳性较好。但在回路以第 II 工进速度工作时，油液需要经过两个调速阀，能量损失较大。

5.液压缸

1）液压缸的类型

液压缸是液压传动系统中应用最多的执行元件，它将油液的压力能转换为机械能，实现往复直线运动或摆动，输出力或扭矩。液压缸结构简单，工作可靠，维修方便，所以应用相当广泛，其使用数量远超过液压马达。

液压缸的种类繁多，按不同的标准，主要有以下几种分类方法。按运动方式的不同分为往复直线运动液压缸（又称推力缸）和往复摆动液压缸。按液压力的作用方式，可分为单作用液压缸和双作用液压缸。对于单作用缸，液压力只能使液压缸单向运动，返回靠外力（自重或弹簧力等）；对于双作用缸，液压缸正反两个方向的运动均靠液压力。按结构特点，可分为活塞式、柱塞式、组合式。活塞式和柱塞式是液压缸的基本结构形式，而组合式则是它们的组合，以适应不同工作条件的要求。组合式种类较多，如伸缩缸、增压缸、串联缸等。液压缸的种类很多,其详细分类见表1.3。

表1.3 常见液压缸的分类及特点

分类	名称	符号	特点
单作用液压缸	柱塞式液压缸	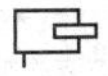	柱塞仅单向运动,返回行程利用自重或负荷将柱塞推回
	单活塞杆液压缸	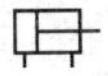	活塞仅单向运动,返回行程利用自重或负荷将活塞推回
	双活塞杆液压缸	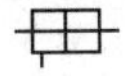	活塞的两侧都装有活塞杆,只能向活塞一侧供给压力油,返回行程通常利用弹簧力、策略或外力
	伸缩液压缸	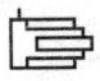	它以短缸获得长行程。用液压油由大到小逐节推出,靠外力由小到大逐节缩回
双作用液压缸	单活塞杆液压缸	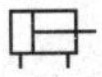	单边有杆,两向液压驱动,两向推力和速度不等
	双活塞杆液压缸	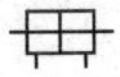	双向有杆,双向液压驱动,可实现等速往复运动
	伸缩液压缸		双向液压驱动,伸出由大到小逐步推出,由小到大逐节缩回
组合液压缸	弹簧复位液压缸	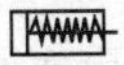	单向液压驱动,由弹簧力复位
	串联液压缸	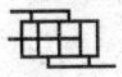	用于缸的直径受限制,而长度不受限制处,获得大的推力
	增压缸(增压器)		由低压力室A缸驱动,使B室获得高压油源
	齿条传动液压缸		活塞往复运动经装在一起的齿条驱动齿轮获得往复回转运动
摆动液压缸			输出轴直接输出扭矩,其往复回转的角度小于360°,也称摆马达

(1) 活塞式液压缸

活塞式液压缸可分为单杆式和双杆式两种结构形式,其安装方式有缸筒固定和活塞杆固定两种形式。

(2) 单活塞杆液压缸

单活塞杆液压缸有单作用和双作用之分。

图1-38(a)所示为单作用液压缸。在工作行程中活塞由液压力推动外伸,在返回行程中无杆腔卸压,外力或弹簧力使活塞杆缩回。

图1-38(b)所示为双作用液压缸。这种液压缸应用比较普遍,其往复运动都是靠作用于活塞上的液压力实现的。

(a) 二位三通换向阀控制　　　　　　　　(b) 梭阀控制

图1-38 单活塞杆液压缸工作原理

单杆双作用液压缸的一个重要特点是可以实现差动连接,使得其应用范围更宽。利用方向阀将液压缸两腔连通,同时向两腔供液,由于无杆腔有效作用面积大,所以液压作用力使活塞向外伸出。活塞杆返回时,应使方向阀移动,恢复成普通液压缸的连接方式,即有杆腔进油，无杆腔回油。差动连接可用二位三通换向阀或梭阀控制（见图1-39）。

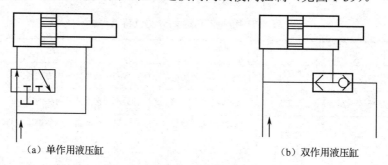

图1-39 差动连接的双作用液压缸

差动连接降低了液压缸的推力，但提高了速度。应当明确，这种速度的提高是用力的损失换来的。活塞杆返回时必须改为普通连接，使在不加大油源流量的情况下得到较快的运动速度。这种连接方式被广泛应用于组合机床的液压动力系统和其他机械设备的快速运动中。

（3）双活塞杆液压缸

双活塞杆液压缸为双作用两端出杆结构（见图1-40），活塞两端都有一根直径相等的活塞杆伸出的液压缸称为双杆式活塞缸。它一般由缸体、缸盖、活塞、活塞杆和密封件等零件构成。根据安装方式不同可分为缸筒固定式和活塞杆固定式两种。通常活塞两侧有效作用面积相等，因而双向运动的推力和速度也相同，很适合于有此种要求的设备，如平面磨床。

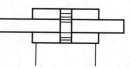

图1-40 双活塞杆液压缸

（4）柱塞式液压缸

图1-41（a）所示为柱塞缸，它只能实现一个方向的液压传动，反向运动要靠外力。若需要实现双向运动，则必须成对使用，如图1-41（b）所示。这种液压缸中的柱塞和缸筒不接触，运动时由缸盖上的导向套来导向，因此缸筒的内壁不需精加工。柱塞式液压缸特别适用于行程较长的场合。

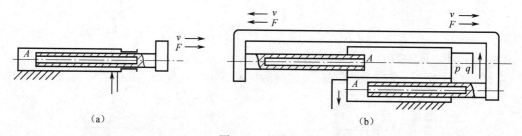

图1-41 柱塞缸

2）液压缸的结构

因用途和要求不同，液压缸的结构多种多样。图1-42所示为一种通用的带缓冲装置的双作用单活塞杆液压缸。它由缸底、缸筒、缸盖、活塞、活塞杆、导向套和密封件等组成，基本上反映了液压缸的结构特点。

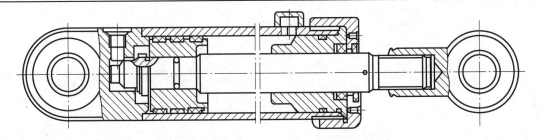

图 1-42 双作用单活塞杆液压缸

缸筒左端与缸底焊接，另一端与缸盖靠螺纹连接，以便于拆装检修。缸口导向套对活塞杆起支承和导向作用，使其不偏离中心，运动平稳，并改善受力状况。活塞利用卡环与活塞杆固定。活塞上套装有耐磨材料制成的支承环，以支承活塞。活塞杆左端带有缓冲柱塞，右端为连接头，以与工作机构相连。为保证密封可靠，在相应部位安装有不同结构形式的密封圈。缸盖内孔还安装有防尘圈，在活塞杆缩回运动时，以刮除吸附在活塞杆外露部分的尘土。

从上面所述的液压缸典型结构中可以看到，液压缸的结构基本上可以分为缸筒与缸底、缸盖，活塞与活塞杆，密封装置，缓冲装置和排气装置 5 个部分，分述如下。

(1) 缸筒与缸底、缸盖

缸筒是液压缸的主体，应有足够的强度、耐磨性和几何精度，以承受液体压力和活塞往复运动的摩擦，并保证良好的密封。一般来说，缸筒和缸盖使用的材料与工作压力有关。工作压力 $p<10MPa$ 时，使用铸铁；$p<20MPa$ 时，使用无缝钢管；$p \geqslant 20MPa$ 时，使用铸钢或锻钢。缸筒结构形式主要取决于与缸盖、缸底的连接形式以及安装支承方式。

图 1-43 所示为缸筒和缸盖的常见结构形式。图 1-43（a）所示为法兰连接式，其结构简单，容易加工，也容易装拆，但外形尺寸和质量都较大，常用于铸铁制的缸筒上。图 1-43（b）所示为半环连接式，它的缸筒内壁因开了环形槽而削弱了强度，为此有时要加厚缸壁，它容易加工和装拆，质量较小，常用于无缝钢管或锻钢制的缸筒上。图 1-43（c）所示为螺纹连接式，它的缸筒端部结构复杂，外径加工时要求保证内外径同心，装拆要使用专用工具，它的外形尺寸和质量都较小，常用于无缝钢管或铸钢制的缸筒上。图 1-43（d）所示为拉杆连接式，其结构的通用性大，容易加工和装拆，但外形尺寸较大，且较重。图 1-43（e）所示为焊接连接式，它的结构简单，尺寸小，但缸底处内径不易加工，且可能引起变形。

缸筒与缸底的连接形式较多，常用的有焊接连接、螺栓连接（法兰连接）、螺纹连接、卡环连接和钢丝卡圈连接等，如图 1-44 所示。焊接连接一般用于短行程液压缸；螺栓连接拆装方便，应用较广；螺纹连接适用于缸径较小的液压缸；卡环连接的卡环 K 一般切成三块装在缸筒槽内，缸筒开槽后，削弱了强度，故适用压力不宜太高；钢丝卡圈 S 连接结构简单紧凑，但承载能力较小，常用于缸径较小的液压缸。

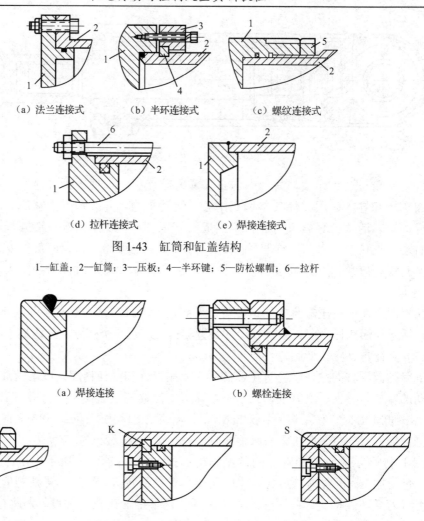

图 1-43 缸筒和缸盖结构

1—缸盖；2—缸筒；3—压板；4—半环键；5—防松螺帽；6—拉杆

图 1-44 缸筒和缸底结构

除上述连接方式外，还有依靠拉杆将缸底、缸套、缸盖直接连接成一体的连接方式。该方式不需对缸底、缸套、缸盖进行任何加工，连接方便、可靠，但径向尺寸较大，适用于行程不太大、无径向尺寸限制的场合。

（2）活塞与活塞杆

活塞应有足够的强度和较好的滑动性及耐磨性，活塞的结构应适应它与缸筒内壁接触和密封以及与活塞杆连接的要求。

活塞与缸筒内壁接触和密封，常见的有两种形式：一种是活塞直接与缸壁接触，采用密封圈密封；另一种是在活塞上套装一个耐磨材料制成的支承环，以降低滑动摩擦阻力和磨损，再在支承环两侧安装密封圈，实现密封。

活塞与活塞杆常采用卡环连接和螺纹连接。图 1-45（a）为卡环连接，两块半圆卡环安装于活塞杆槽内，再外装套环防止卡环脱落，弹簧挡圈可防止套环轴向移动，卡环承受轴向力并使活塞定位。图 1-45（b）为螺纹连接，螺纹连接要有防松措施。

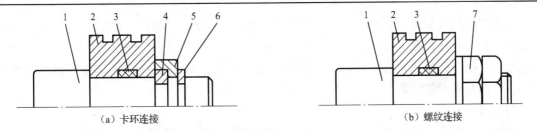

(a) 卡环连接　　　　　　　　　　　　(b) 螺纹连接

图 1-45　活塞与活塞杆的连接

1—活塞杆；2—活塞；3—密封圈；4—卡环；5—套环；6—弹簧挡圈；7—螺母

活塞杆是重要的传力零件，有实心杆和空心杆两种。空心杆用于杆径较大时，以减小质量，节省材料。

活塞杆头部与工作机构的连接有多种形式，如图 1-46 所示。

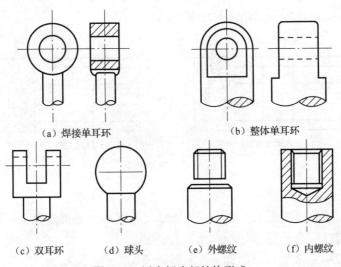

(a) 焊接单耳环　　　　　　　(b) 整体单耳环

(c) 双耳环　　(d) 球头　　(e) 外螺纹　　(f) 内螺纹

图 1-46　活塞杆头部结构形式

(3) 密封装置

密封装置安装于可能产生泄漏的配合表面之间。其种类很多，应用最广的是橡胶密封圈，它既可用于静密封（配合面固定不动），也可用于动密封（配合面有相对运动）。

常用的密封方法有三种。

① 橡胶密封圈密封。按密封圈的结构形式不同有 O 形、Yx 形和 V 形密封圈，一般适用于低压油缸。O 形密封圈是依靠其预压缩，消除间隙而实现密封，主要用于静密封。Yx 形和 V 形密封圈是依靠密封圈的唇口受液压力作用变形，使唇口贴紧密封面而进行密封的，液压力越高，唇边贴得越紧，并具有磨损后自动补偿的能力。

② 橡塑组合密封装置。其由 O 形密封圈和聚四氟乙烯做成的格来圈组合而成。利用 O 形密封圈的良好弹性变形性能，通过预压力将格来圈紧贴在密封面上起密封作用。此种密封装置不仅密封可靠、摩擦力小而稳定，而且使用寿命比普通橡胶密封圈高百倍，应用日益广泛。格来圈一般适用于中高压油缸的活塞密封。

③ 间隙密封。间隙密封是依靠两运动件的配合间隙，使其产生液体摩擦阻力来防止泄漏的一种密封方法。用该方法密封，只适于直径较小、压力较低的液压缸与活塞间密封。为了

提高间隙密封的效果，在活塞上开几条环形槽。这些环形槽的作用有两方面，一是提高间隙密封的效果，油路截面突然改变，在小槽内形成旋涡而产生阻力，于是使油液的泄漏量减少；另一是阻止活塞轴线的偏移，从而有利于保持配合间隙，保证润滑效果，减少活塞与缸壁的磨损，增加间隙密封性能。

（4）缓冲装置

液压缸一般不考虑缓冲问题，但当活塞运动速度高或运动部件质量较大时，惯性力有可能使活塞撞击缸底或缸盖，则必须设置缓冲装置。

图 1-47 所示为两种结构形式的缓冲装置。图 1-47（a）为环状缝隙节流缓冲，当缓冲柱塞进入缓冲孔时，活塞右腔受到挤压的油液只能从缓冲柱塞与缓冲孔之间的环状缝隙缓慢排出，使活塞右腔产生背压，迫使活塞运动速度降低，实现缓冲。图 1-47（b）为轴向三角槽节流缓冲，活塞右腔受挤压的油液只能经轴向三角槽排出，随着活塞的运动，三角槽通流面积越来越小，缓冲作用逐渐增强，活塞被逐渐制动。

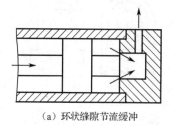 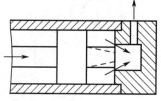

（a）环状缝隙节流缓冲　　　　（b）轴向三角槽节流缓冲

图 1-47　缓冲装置

（5）排气装置

在安装过程中或长期停止工作以后，液压缸及其回路中不可避免地要渗入空气。由于空气具有很大的压缩性，会使活塞运动时出现爬行和振动，产生噪声，影响正常工作。因此，在设计液压缸及其回路时，要保证能及时排除缸内气体。最简便的排气方法是将液压缸的进、回油口布置在缸筒最高处，只要活塞往复运动多次，即可将空气通过管路引至油箱排出。对于要求较高的液压缸，应在其最高部位设置专门的排气装置，其结构原理如图 1-48 所示。图 1-48（a）为端部呈锥形的整体排气螺塞，图 1-48（b）为带阀芯的排气螺塞。排气过程在活塞空载运动中进行，旋松排气螺塞排气，排完后再旋紧。

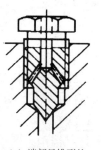 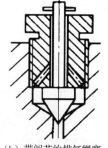

（a）端部呈锥形的　　（b）带阀芯的排气螺塞
整体排气螺塞

图 1-48　排气装置

3）液压缸的安装

机械设备上的液压缸有多种安装方式。当要求液压缸固定时，可采用底座或法兰来安装定位；当液压缸两端都有底座，且缸体较长时，应使一端固定，另一端浮动，以适应热变形的影响。如果液压缸需要摆动，则可采用铰轴、耳环或球头等连接方式。液压缸中心轴线应与负载中心线同心，避免出现侧向力。液压缸安装在机床上时，必须注意其轴线与机床导轨的平行度。缸口采用 V 形密封圈时，不应调整过紧，以伸出的活塞杆上有润滑油膜且无泄漏为宜。总之，安装液压缸时，应严格按照相关的技术要求进行操作和检测，以保证其可靠工作。

6. 液压元件的安装

各种液压元件的安装方法和具体要求，在产品说明书中都有详细的说明，在安装时必须加以注意。以下仅是液压元件在安装时一般应注意的事项。

（1）安装前元件应以煤油进行清洗，有必要时要进行压力和密封性试验，合格后方可安装。

（2）安装前应将各种自动控制仪表（如压力继电器等）进行检验。这对以后的调整工作极为重要，可避免因仪表不准确而造成事故。

（3）泵、各种阀以及指示仪表等的安装位置，应注意使用及维修的方便。

（4）油箱应仔细清洗，用压缩空气干燥后，再用煤油检查焊缝质量。

（5）液压泵安装要求

① 液压泵及其传动，要求较高的同轴度，即使使用柔性联轴器，安装时也要尽量同轴，一般情况，必须保证同轴度误差在 0.1mm 以下，倾斜角不得大于 1°。②液压泵不得采用带传动，当不能直接传动时，应使用导向轴承架，以承受径向力。③在安装联轴器时，不要大力敲打泵轴，以免损伤泵的转子。④液压泵的入口、出口和旋转方向，一般在泵上均有标明，不得反接。

（6）液压阀安装要求

①安装各种阀时，应注意进油口与回油口的方位（一般元件各油口都有文字或代号标明），某些阀如将进油口与回油口装反，会造成事故。②安装机动控制阀时，一定要注意凸轮或挡块的行程以及和阀之间的距离，以免试车时撞坏。系统内调节阀（阀门）位置，应注意操作方便。③有些阀件为了安装方便，往往开有同作用的两个孔，安装后不用的一个要堵死。为了避免空气渗入阀内，连接处应保证密封良好。④用法兰安装的阀件，螺钉不能拧得过紧，因为有时过紧反而会造成密封不良。⑤一般调整的阀件，顺时针方向旋转时，增加流量、压力；逆时针方向旋转时，则减少流量或压力。⑥方向控制阀的安装，一般应使轴线安装在水平位置上。

（7）液压缸安装要求

①液压缸的安装应扎实可靠。为了防止热膨胀的影响，在行程大和工作温度高的场合，缸的一端必须保持浮动。②配管连接不得松弛。③液压缸的安装面和活塞杆的滑动面，应保持足够的平行度和垂直度。④对于移动缸的中心轴线，应与负载作用力的中心线同轴，否则会引起侧向力，侧向力易使密封件磨损及活塞损坏。活塞杆支承点的距离越大，其磨损越小。对移动物体的液压缸，安装时应使缸与移动物体保持平行，其平行度误差不大于 0.05mm/m。

7. 管路的安装要求

（1）系统全部管道应进行两次安装，即第一次试装后拆下管路，按相关工序严格清洗、处理后进行第二次安装。

（2）管道的布置要整齐、油路走向应平直、距离短，尽量少转弯。

（3）液压泵吸油管的高度一般不高于液面 500mm，吸油管和泵吸油口连接处应保证密封良好。

（4）溢流阀的回油管口与液压泵的吸油管不能靠得太近。

（5）减压阀和顺序阀等的泄油不要与总回油管相连通，应单独回油箱。

（6）吸油管路上的滤油器，过滤精度为 0.1～0.2mm，要有足够的通油能力，注意有些油泵不允许设置吸油过滤器。

（7）回油管应插入油面以下有足够的深度，以防飞溅形成气泡。

气压系统的安装与液压系统的安装类似，也有清洗、元件安装和管道安装等，但也有一些不同之处，例如，气动系统的动密封圈要装得松一些，不能太紧等。

8．液压管接头的种类和选用

管接头是油管与油管、油管与液压元件之间的可拆式连接件，它应满足装拆方便、连接牢靠、密封可靠、外形尺寸小、通油能力大、压力损失小、加工工艺性好等要求。按油管与管接头的连接方式，管接头主要有焊接式、卡套式、扩口式、扣压式等形式；每种形式的管接头中，按接头的通路数量和方向分有直通、直角、三通等类型；与机体的连接方式有螺纹连接、法兰连接等。此外，还有一些满足特殊用途的管接头。

1）焊接式管接头

图 1-49 所示为焊接式直通管接头，主要由接头体 4、螺母 2 和接管 1 组成，在接头体和接管之间用 O 形密封圈 3 密封。当接头体拧入机体时，采用金属垫圈或组合垫圈 5 实现端面密封。接管与管路系统中的钢管用焊接连接。焊接式管接头连接牢固、密封可靠，缺点是装配时需焊接，因而必须采用厚壁钢管，且焊接工作量大。

2）卡套式管接头

图 1-50 所示为卡套式管接头结构。这种管接头主要包括具有 24°锥形孔的接头体 4，带有尖锐内刃的卡套 2，起压紧作用的压紧螺母 3 三个元件。旋紧螺母 3 时，卡套 2 被推进 24°锥形孔，并随之变形，使卡套与接头体内锥面形成球面接触密封；同时，卡套的内刃口嵌入油管 1 的外壁，在外壁上压出一个环形凹槽，从而起到可靠的密封作用。卡套式管接头具有结构简单、性能良好、质量轻、体积小、使用方便、不用焊接、钢管轴向尺寸要求不严等优点，且抗震性能好，工作压力可达 31.5MPa，是液压系统中较为理想的管路连接件。

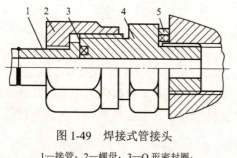

图 1-49 焊接式管接头
1—接管；2—螺母；3—O 形密封圈；
4—接头体；5—组合垫圈

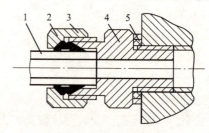

图 1-50 卡套式管接头
1—油管；2—卡套；3—螺母；
4—接头体；5—组合垫圈

3）锥密封焊接式管接头

图 1-51 所示为锥密封焊接式管接头结构。这种管接头主要由接头体 2、螺母 4 和接管 5 组成，除具有焊接式管接头的优点外，由于它的 O 形密封圈装在接管 5 的 24°锥体上，使密封有调节的可能，密封更可靠。工作压力为 34.5MPa，工作温度为-25～80℃。这种管接头

的使用越来越多。

4）扩口式管接头

图 1-52 所示是扩口式管接头结构。这种管接头有 A 型和 B 型两种结构形式：A 型由具有 74°外锥面的管接头体 1、起压紧作用的螺母 2 和带有 60°内锥孔的管套 3 组成；B 型由具有 90°外锥的接头体 1 和带有 90°内锥孔的螺母 2 组成。将已冲成喇叭口的管子置于接头体的外锥面和管套（或 B 型螺母）的内锥孔之间，旋紧螺母使管子的喇叭口受压，挤贴于接头体外锥面和管套（或 B 型的螺母）内锥孔所产生的间隙中，从而起到密封作用。扩口式管接头结构简单、性能良好、加工和使用方便，适用于以油、气为介质的中、低压管路系统，其工作压力取决于管材的许用压力，一般为 3.5～16MPa。

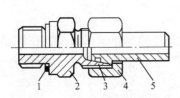

图 1-51　锥密封焊接式管接头

1—组合垫圈；2—接头体；
3—O 形密封圈；4—螺母；5—接管

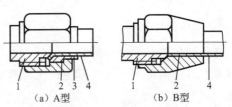

图 1-52　扩口式管接头

1—接头体；2—螺母；3—管套；4—油管

5）胶管总成

钢丝编织和钢丝缠绕胶管总成包括胶管和接头，有 A，B，C，D，E，J，…型，其中 A、B、C 为标准型。A 型用于与焊接式管接头连接，B 型用于与卡套式管接头连接，C 型用于与扩口式管接头连接。图 1-53 所示是 A、B 型扣压式胶管总成。扣压式胶管接头主要由接头外套和接头芯组成。接头外套的内壁有环形切槽，接头芯的外壁呈圆柱形，上有径向切槽。当剥去胶管的外胶层，将其套入接头芯时，拧紧接头外套并在专用设备上扣压，以紧密连接。

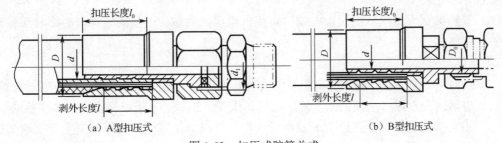

图 1-53　扣压式胶管总成

6）快速接头

快速接头是一种不需要使用工具就能够实现管路迅速连通或断开的接头。快速接头有两种结构形式：两端开闭式和两端开放式。如图 1-54 所示为两端开闭式快速接头的结构图。接头体 2、10 的内腔各有一个单向阀阀芯 4，当两个接头体分离时，单向阀阀芯由弹簧 3 推动，使阀芯紧压在接头体的锥形孔上，关闭两端通路，使介质不能流出。当两个接头体连接时，两个单向阀阀芯前端的顶杆相碰，迫使阀芯后退并压缩弹簧，使通路打开。两个接头体之间的连接，是利用接头体 2 上的 6 个（或 8 个）钢球落在接头体 10 上的 V 形槽内而实现的。工作时，钢珠由外套 6 压住而无法退出，外套由弹簧 7 顶住，保持在右端位置。气动快速接头拔出分离时,接头外套纵向向外推即可拔出来。

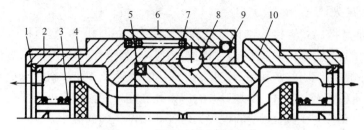

图 1-54 两端开闭式快速接头

1—挡圈;2,10—接头体;3,7—弹簧;4—单向阀阀芯;5—O 形密封圈;6—外套;8—钢球;9—弹簧圈

9. 液压系统调试

液压设备安装、循环冲洗合格后,都要对液压系统进行必要的调整试车,使其在满足各项技术参数的前提下,按实际生产工艺要求进行必要的调整,使其在重负荷情况下也能运转正常。

1) 液压系统调度前的准备工作

(1) 需调试的液压系统必须在循环冲洗合格后,方可进入调试状态。

(2) 液压驱动的主机设备全部安装完毕,运动部件状态良好并经检查合格后,进入调试状态。

(3) 控制液压系统的电气设备及线路全部安装完毕并检查合格。

(4) 熟悉调试所需技术文件,如液压原理图、管路安装图、系统使用说明书、系统调试说明书等。根据以上技术文件,检查管路连接是否正确、可靠,选用的油液是否符合技术文件的要求,油箱内油位是否达到规定高度,根据原理图、装配图认定各液压元器件的位置。

(5) 清除主机及液压设备周围的杂物,调试现场应有必要明显的安全设施和标志,并由专人负责管理。

(6) 参加调试人员应分工明确,统一指挥,对操作者进行必要的培训,必要时配备对讲机,方便联络。

2) 调试前的检查

(1) 根据系统原理图、装配图及配管图检查并确认每个液压缸由哪个支路的电磁阀操纵。

(2) 电磁阀分别进行空载换向,确认电气动作是否正确、灵活,符合动作顺序要求。

(3) 将泵吸油管、回油管路上的截止阀开启,泵出口溢流阀及系统中安全阀手柄全部松开;将减压阀置于最低压力位置。

(4) 流量控制阀置于小开口位置。

(5) 按照使用说明书要求,向蓄能器内充氮。

3) 启动液压泵

(1) 用手盘动电动机和液压泵之间的联轴器,确认无干涉并转动灵活。

(2) 点动电动机,检查判定电动机转向是否与液压泵转向标志一致,确认后连续点动几次,无异常情况后按下电动机启动按钮,液压泵开始工作。

4) 系统排气

启动液压泵后,将系统压力调到 1.0MPa 左右,分别控制电磁阀换向,使油液分别循环到各支路中,拧动管道上设置的排气阀,将管道中的气体排出,当油液连续溢出时,关闭排气阀。液压缸排气时可将液压缸活塞杆伸出侧的排气阀打开,电磁阀动作,活塞杆运动,将空气挤出,升到上止点时,并闭排气阀。打开另一侧排气阀,使液压缸下行,排出无杆腔中的空气,重复上述排气方法,直到将液压缸中的空气排净为止。

5)系统耐压试验

系统耐压试验主要是指现场管路,检查回路的漏油和耐压强度,液压设备的耐压试验应在制造厂进行。

(1)对于液压管路,耐压试验的压力应为最高工作压力的 1.5 倍。工作压力$\geqslant 21MPa$ 的高压系统,耐压试验的压力应为最高工作压力的 1.25 倍。在冲击大或压力变化剧烈的回路中,其试验压力应大于尖峰压力。对于橡胶软管,在 2~3 倍的常用工作压力下,应无异状。如系统自身液压泵可以达到耐压值时,可不必使用电动试压泵。

(2)升压过程中应逐渐分段进行,不可一次达到峰值,每升高一级时,应保持几分钟,并观察管路是否正常。试压过程中严禁操纵换向阀。

(3)在试压时,系统的溢流阀应调整到试验压力。

(4)在向系统送油时,应将系统有关的放气阀打开,待其空气排干净后,即可关闭(当有油液从阀中喷出时,即可认为空气已排干净),同时将节流阀打开。

(5)系统中出现不正常声响时,应立即停止试压,彻底检查。待查出原因并消除后,再进行试压。

(6)试压时,必须切实注意安全措施。

6)空载调试

试压结束后,将系统压力恢复到准备调试状态,然后按调试说明书中规定的内容,分别对系统的压力、流量、速度、行程进行调整与设定,可逐个支路按先手动后电动的顺序进行,其中还包括压力继电器和行程开关的设定。手动调整结束后,应在设备机、电、液单独无负载试车完毕后,开始进行空载联动试车。

7)带载试车

设备开始运行后,应逐渐加大负载,如情况正常,才能进行最大负载试车。最大负载试车成功后,应及时检查系统的工作情况是否正常,对压力、噪声、振动、速度、温升、液位等进行全面检查,并根据试车要求做出记录。

1.3.2 常用气压元件

典型的气压传动系统由气压发生装置、执行元件、控制元件和辅助元件四个部分组成,如图 1-55 所示。

(1)气压发生装置。气压发生装置简称气源装置,是获得压缩空气的能源装置,其主体部分是空气压缩机,另外还有气源净化设备。空气压缩机将原动机供给的机械能转化为空气的压力能;而气源净化设备用以降低压缩空气的温度,除去压缩空气中的水分、油分以及污染杂质等。使用气动设备较多的厂矿常将气源装置集中在压气站(俗称空压站)内,由压气站再统一向各用气点(分厂、车间和用气设备等)分配供应压缩空气。

(2)执行元件。执行元件是以压缩空气为工作介质,并将压缩空气的压力能转变为机械能的能量转换装置,包括作直线往复运动的气缸,作连续回转运动的气马达和作不连续回转运动的摆动马达等。

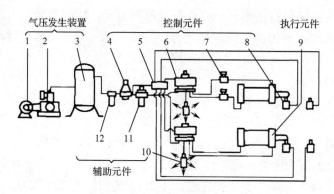

图 1-55　气压传动及控制系统的组成

1—电动机；2—空气压缩机；3—气罐；4—压力控制阀；5—逻辑元件；6—方向控制阀；7—流量控制阀；8—行程阀；9—气缸；10—消声器；11—油雾器；12—分水滤气器

（3）控制元件。控制元件又称操纵、运算、检测元件，是用来控制压缩空气流的压力、流量和流动方向等，以便使执行机构完成预定的运动规律的元件，包括各种压力阀、方向阀、流量阀、逻辑元件、射流元件、行程阀、转换器和传感器等。

（4）辅助元件。辅助元件是使压缩空气净化、润滑、消声以及元件间连接所需要的一些装置，包括分水滤气器、油雾器、消声器以及各种管路附件等。

1．辅助元件

气动系统中分水滤气器、减压阀和油雾器常组合在一起使用，俗称气动三联件。

1）分水滤气器

分水滤气器能除去压缩空气中的冷凝水，颗粒较大的固态杂质和油滴，用于空气的粗过滤。如图 1-56 所示，它的工作原理如下：当压缩空气从输入口流入后，由导流板（旋风挡板）引入滤杯中。旋风挡板使气流沿切线方向旋转，于是空气中的冷凝水、油滴和颗粒较大的固态杂质等因质量较大受离心力作用被甩到滤杯内壁上，并流到底部沉积起来，随后，空气流过滤芯，进一步除去其中的固态杂质，并从输出口输出。挡水板的作用是防止已沉积于滤杯底部的冷凝水再次混入气流输出。打开放水阀，可排放掉积沉的冷凝水和杂质。

2）油雾器

气动系统中使用的油雾器（见图 1-57）是一种特殊的注油装置。油雾器可使润滑油雾化，并随气流进入到需要润滑的部件，使润滑油附着在部件上，达到润滑的目的。用这种方法注油，具有润滑均匀、稳定、耗油量少和不需要大的储油设备等特点。

3）减压阀

减压阀的作用是将较高的输入压力调整到低于输入压力的调定压力输出，并保持输出压力稳定，以保证气动系统或装置的工作压力稳定，不受输出空气流量变化和气源压力波动的影响。

减压阀的调压方式有直动式（见图 1-58）和先导式两种。直动式是借助改变弹簧力来直接调整压力，而先导式则用预先调整好的气压来代替直动式调压弹簧来进行调压。先导式减压阀是使用预先调整好压力的空气来代替直动式调压弹簧进行调压的。其调节原理和主阀部分的结构与直动式减压阀的相同。先导式减压阀的调压空气一般是由小型的直动式减压阀供给的。若将这种直动式减压阀装在主阀内部，则称为内部先导式减压阀。

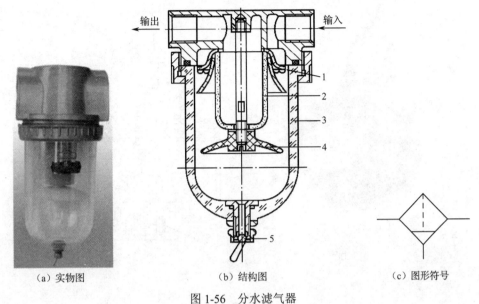

图 1-56 分水滤气器

1—旋风挡板；2—滤芯；3—滤杯；4—挡水板；5—放水阀

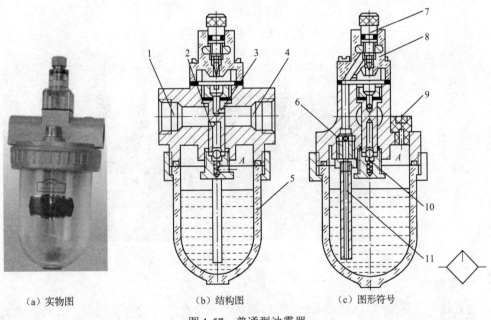

图 1-57 普通型油雾器

1—入口；2—阀芯；3—弹簧；4—出口；5—储油杯；6—单向阀；7—节流阀；8—视油器；9—油塞；10—阀座；11—吸油管

目前新结构的三联件插装在同一支架上，如图 1-59 所示，形成无管化连接，联合使用时，其顺序应为空气过滤器—减压阀—油雾器，不能颠倒。安装中气源调节装置应尽量靠近气动设备附近，距离不应大于 5m。

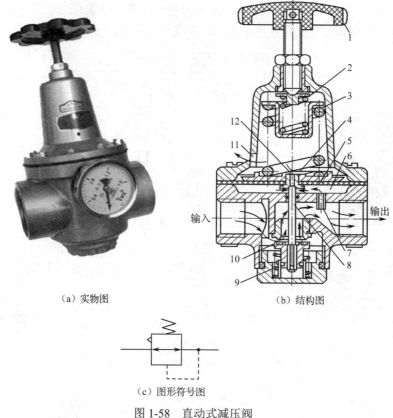

(a) 实物图 (b) 结构图

(c) 图形符号图

图 1-58　直动式减压阀

1—调节手柄；2，3—调压弹簧；4—溢流阀口；5—膜片；6—反馈导管；7—进气阀；
8—阀杆；9—复位弹簧；10—溢流口；11—泄油孔；12—阻尼孔

图 1-59　气动三联件

4）消声器

气动系统中，压缩空气经换向阀向气缸等执行元件供气；动作完成后，又经换向阀向大气排气。由于阀内的气路复杂且又十分狭窄，压缩空气以接近声速的流速从排气口排出，空气急剧膨胀和压力变化产生高频噪声，声音十分刺耳。排气噪声与压力、流量和有效面积等因素有关，当阀的排气压力为 0.5MPa 时，噪声可达 100dB（A）以上。而且，执行元件速度越高，流量越大，噪声也越大。此时，就要用消声器来降低排气噪声。图 1-60 所示为阀用消声器的结构。

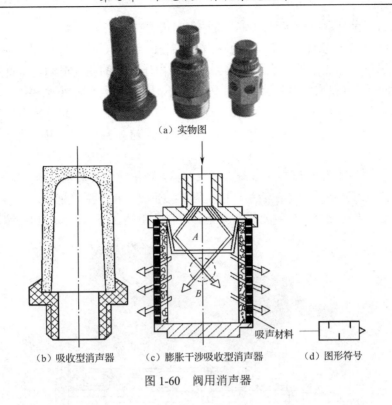

(a) 实物图

(b) 吸收型消声器　　(c) 膨胀干涉吸收型消声器　　(d) 图形符号

图 1-60　阀用消声器

2. 执行元件

气缸是气动系统中使用最多的一种执行元件，根据使用条件不同，其结构、形状也有多种形式，如图 1-61 所示。

气缸的分类有多种，按压缩空气对活塞的作用力的方向分为单作用和双作用式；按气缸的结构特征分为活塞式、薄膜式和柱塞式；按气缸的功能分为普通气缸（包括单作用和双作用气缸）、薄膜气缸、冲击气缸、气-液阻尼缸、缓冲气缸和摆动气缸等。除几种特殊气缸外，普通气缸其种类及结构形式与液压缸基本相同。

图 1-61　气缸

1) 气缸的基本构造

由于气缸的使用目的不同，气缸的构造是多种多样的，但使用最多的是单杆双（向）作用气缸。下面就以单杆双作用气缸为例，说明气缸的基本构造。

图 1-62 所示为单杆双作用气缸，它由缸筒、端盖、活塞、活塞杆和密封件等组成。缸筒内径的大小代表气缸输出力的大小。活塞要在缸筒内作平稳的往复滑动，缸筒内表面的表面粗糙度应达 Ra0.8μm 以内。对钢管缸筒，内表面还应镀硬铬，以减小摩擦阻力和磨损，并能防止锈蚀。缸筒材质除使用高碳钢管外，还使用高强度铝合金和黄铜。小型气缸有使用不锈钢管的。带磁性开关的气缸或在耐腐蚀环境中使用的气缸，缸筒应使用不锈钢、铝合金或黄铜等材质。

图 1-63 所示为单作用气缸，在缸盖一端气口输入压缩空气使活塞杆伸出（或缩回），而另一端靠弹簧、自重或其他外力等使活塞杆恢复到初始位置。单作用气缸只在动作方向需要压缩空气，故可节约一半压缩空气。主要用在夹紧、退料、阻挡、压入、举起和进给等操作上。

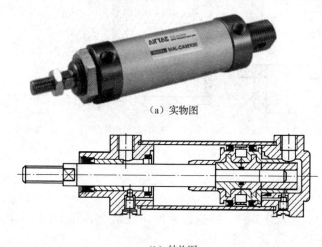

(a) 实物图

(b) 结构图

图 1-62　普通型单杆双作用气缸

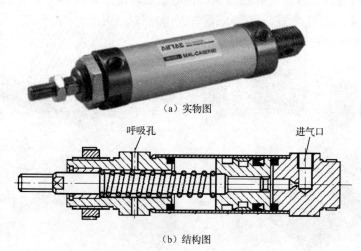

(a) 实物图

(b) 结构图

图 1-63　普通型单杆单作用气缸

2）薄膜气缸

薄膜式气缸是一种利用压缩空气通过膜片推动活塞杆作往复直线运动的气缸。它用膜片和中间硬芯相连来代替普通气缸中的活塞，依靠膜片在气压作用下的变形来使活塞杆前进。其功能类似于活塞式气缸，它分单作用式和双作用式两种，如图1-64所示。

气缸的特点是结构紧凑、质量小、维修方便、密封性能好、制造成本低，广泛应用于化工生产过程的调节器上。

(a) 实物图

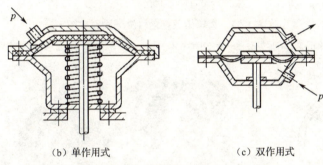

(b) 单作用式　　　　　(c) 双作用式

图1-64　薄膜气缸

3）摆动式气缸（摆动马达）

摆动式气缸是将压缩空气的压力能转变成气缸输出轴的有限回转的机械能，多用于安装位置受到限制或转动角度小于360°的回转工作部件。摆动气缸目前在工业上应用广泛，常用的摆动气缸的最大摆动角度分为90°、180°、270°三种规格。例如，夹具的回转、阀门的开启、转塔车床转塔的转位以及自动线上物料的转位等场合。

按照摆动气缸的结构特点可分为齿轮齿条式和叶片式两类。

齿轮齿条式摆动气缸有单齿条和双齿条两种。图1-65（b）为单齿条式摆动气缸的结构原理图，压缩空气推动活塞6带动齿条3作直线运动，齿条3则推动齿轮4做旋转运动，由输出轴5（齿轮轴）输出力矩。输出轴与外部机构的转轴相连，让外部机构作摆动。摆动气缸的行程终点位置可调，且在终端可调缓冲装置，缓冲大小与气缸摆动的角度无关，在活塞上装有一个永久磁环，行程开关可固定在缸体的安装沟槽中。

图1-66为单叶片式摆动气缸的工作原理图，定子3与缸体4固定在一起，叶片1和转子2（输出轴）连接在一起。当左腔进气时，转子顺时针转动；反之，转子逆时针转动。转子可做成图示的单叶片式，也可做成双叶片式。这种气缸的耗气量一般都较大。它的输出转矩和角速度与摆动式液压缸相同。

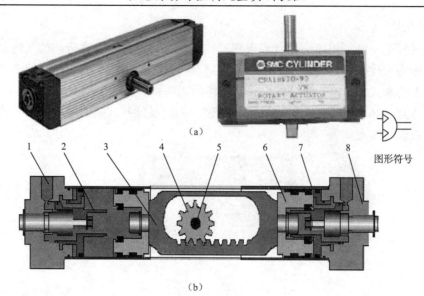

图 1-65 齿轮齿条摆动气缸结构原理图

1—缓冲节流阀；2—缓冲柱塞；3—齿条组件；4—齿轮；5—输出轴；6—活塞；7—缸体；8—端盖

图 1-66 单叶片式摆动气缸

1—叶片；2—转子；3—定子；4—缸体

4）冲击气缸

图 1-67 为普通型冲击气缸的结构示意图。它与普通气缸相比增加了储能腔以及带有喷嘴和具有排气小孔的中盖。

它的工作原理及工作过程可简述为如下三个阶段。第一阶段为准备阶段，如图 1-68（a）所示，气缸控制阀处于原始位置，压缩空气由 A 孔进入冲击气孔头腔。第二阶段为蓄能阶段，如图 1-68（b）所示，控制阀切换，储能腔进气，压力逐渐上升。第三阶段为冲击阶段，如图 1-68（c）所示，活塞离开喷嘴口向下运动，在喷嘴打开的瞬间，储能腔的气压突然加到尾腔的整个活塞面上，于是活塞在很大的压差作用下加速向下运动，使活塞、活塞杆等运动部件在瞬间达到很高的速度，以很高的动能冲击工件。图 1-68（d）为冲击气缸活塞向下自由冲击运动的三个阶段。经过上述三个阶段后，控制阀复位，冲击气缸开始另一个循环。

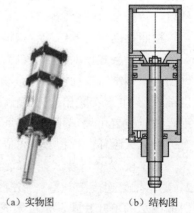

(a) 实物图　　(b) 结构图

图 1-67 摆动缸应用实例

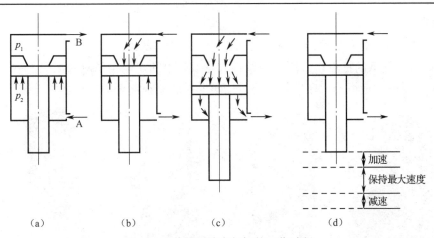

图1-68 普通型冲击气缸的工作过程

5）气-液阻尼缸

气-液阻尼缸由气缸和液压缸组合而成，它以压缩空气为能源，利用油液的不可压缩性和控制流量来获得活塞的平稳运动和调节活塞的运动速度。与气缸相比，它传动平稳，停位精确、噪声小；与液压缸相比，它不需要液压源，经济性好。由于其同时具有气缸和液压缸的优点，因此得到了越来越广泛的应用。

图1-69为串联式气-液阻尼缸的工作原理图。若压缩空气自进气口进入气缸右侧，推动活塞向左运动。因液压缸活塞与气缸活塞是同一个活塞杆，故液压缸活塞也将向左运动，此时液压缸左腔排油。油液由A口经节流阀而对活塞的运行产生阻尼作用，调节节流阀，即可改变阻尼缸的运动速度。反之，压缩空气自B口进入气缸右侧，活塞向左移动，液压缸左侧排油，此时单向阀开启，无阻尼作用，活塞快速向左运动。

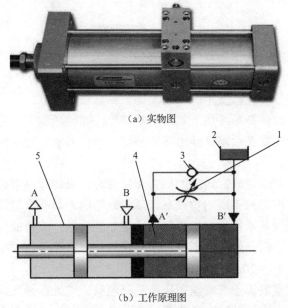

图1-69 串联式气液阻尼缸
1—节流阀；2—油杯；3—单向阀；4—液压缸；5—气缸

6）气爪（手指气缸）

气爪能实现各种抓取功能，是现代气动机械手的关键部件。

图1-70所示气爪的特点是：所有的结构都是双作用的，能实现双向抓取，可自动对中，重复精度高；抓取力矩恒定；在气缸两侧可安装非接触式检测开关；有多种安装、连接方式。

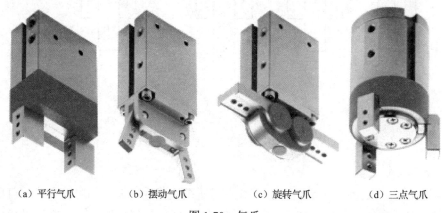

(a) 平行气爪　　(b) 摆动气爪　　(c) 旋转气爪　　(d) 三点气爪

图1-70　气爪

图1-70（a）所示为平行气爪，平行气爪通过两个活塞工作，两个气爪对心移动。这种气爪可以输出很大的抓取力，既可用于内抓取，也可用于外抓取。

图1-70（b）所示为摆动气爪，内外抓取400摆角，抓取力大，并确保抓取力矩始终恒定。

图1-70（c）所示为旋转气爪，其动作和齿轮齿条的啮合原理相似。两个气爪可同时移动并自动对中，其齿轮齿条原理确保了抓取力矩始终恒定。

图1-70（d）所示为三点气爪，三个气爪同时开闭，适合夹持圆柱体工件及工件的压入工作。

7）气缸的选择

根据工作要求和条件，正确选择气缸的类型。要求气缸到达行程终端无冲击现象和撞击噪声，应选择缓冲气缸；要求重量轻，应选轻型缸；要求安装空间窄且行程短，可选薄型缸；有横向负载，可选带导杆气缸；要求制动精度高，应选锁紧气缸；不允许活塞杆旋转，可选具有杆不回转功能的气缸；高温环境下需选用耐热缸；腐蚀环境下，需选用耐腐蚀气缸；在有灰尘等恶劣环境下，需要在活塞杆伸出端安装防尘罩；要求无污染时需要选用无给油或无油润滑气缸等。

根据负载力的大小来确定气缸输出的推力和拉力。一般均按外载荷理论平衡条件所需气缸作用力，根据不同速度选择不同的负载率，使气缸输出力稍有余量。缸径过小，则输出力不够，但缸径过大，使设备笨重，成本提高，又增加耗气量，浪费能源。活塞行程与使用的场合和机构的行程有关，但一般不选满行程，防止活塞和缸盖相碰。如用于夹紧机构等，应按计算所需的行程增加10～20mm的余量。

活塞的运动速度主要取决于气缸输入压缩空气流量、气缸进排气口大小及导管内径的大小。要求高速运动应取大值。气缸运动速度一般为50～800mm/s。对高速运动气缸，应选择大内径的进气管道；对于负载有变化的情况，为了得到缓慢而平稳的运动速度，可选用带节流装置或气-液阻尼缸,则较易实现速度控制。选用节流阀控制气缸速度需注意:水平安装的气缸推动负载时,推荐用排气节流调速;垂直安装的气缸举升负载时,推荐用进气节流调速;要求行程末端运动平稳避免冲击时,应选用带缓冲装置的气缸。

气缸安装形式(见表1.4)由安装位置、使用目的等因素决定。在一般情况下,采用固定式气缸。在需要随工作机构连续回转时(如车床、磨床等),应选用回转气缸。在要求活塞杆除直线运动外,还需作圆弧摆动时,则选用轴销式气缸。有特殊要求时,应选择相应的特殊气缸。支座式缸的支座上可承受大的倾覆力矩,用于负载运动方向与活塞杆轴线一致的场合。法兰型缸的法兰上安装螺钉受拉力,用于负载运动方向与活塞杆轴线一致的场合。轴销型缸的活塞杆轴线的垂直方向带有销轴孔的气缸,负载和气缸可绕销轴摆动。一体耳环型是指无杆侧端盖上直接带轴销的形式。快速动作时,摆动角越大,活塞杆承受的横向负载越大。

表1.4 气缸的安装形式

分类		简图	说明
固定式气缸	支座式	轴向支座 MS1 式	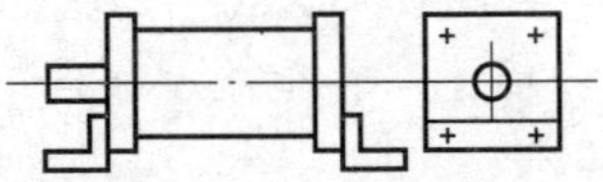 轴向支座,支座上承受力矩,气缸直径越大,力矩越大
		切向支座式	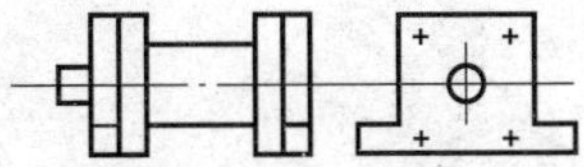
	法兰式	前法兰 MF1 式	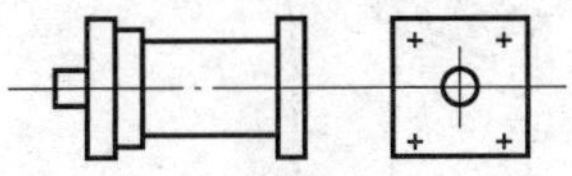 前法兰紧固,安装螺钉受拉力较大
		后法兰 MF2 式	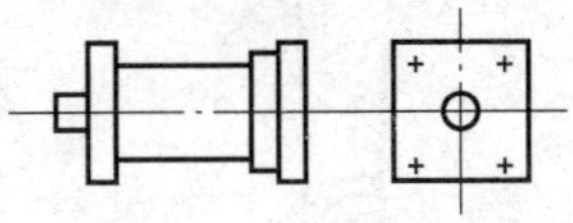 后法兰紧固,安装螺钉受拉力较小
		自配法兰式	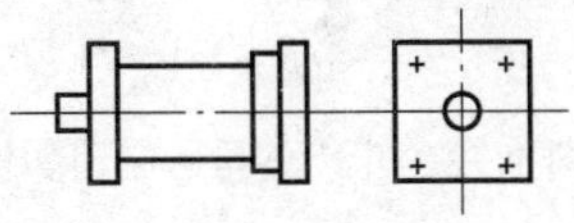 法兰由使用单位视安装条件现配
轴销式气缸	尾部轴销式	单耳轴销 MP4 式	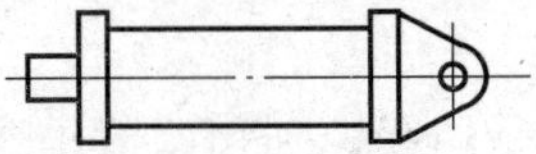 气缸可绕尾轴摆动
		双耳轴销 MP2 式	
	头部轴销式	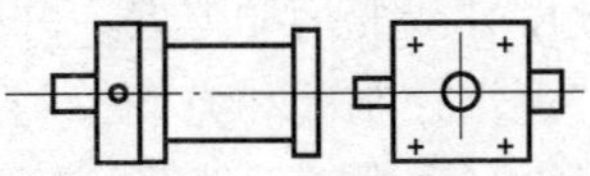	气缸可绕头部轴摆动
	中间轴销 MT4 式	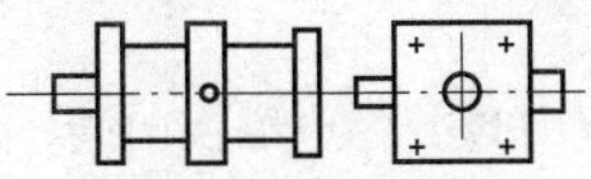	气缸可绕中间轴摆动

8)气动马达

气动马达是将压缩空气的能量转换为回转运动的气动执行元件。在气压传动中使用最广泛的是叶片式和活塞式气动马达。

图 1-71 所示为叶片式马达。压缩空气从输入口 A 进入，作用在工作腔两侧的叶片上。由于转子偏心安装，气压作用在两侧叶片上产生转矩差，使转子按逆时针方向旋转。做功后的气体从输出口 B 排出。若改变压缩空气输入方向，即可改变转子的转向。图 1-72 所示为叶片式马达应用实例。

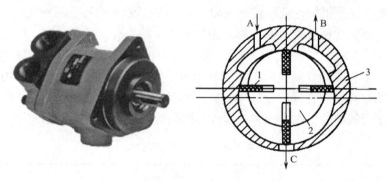

图 1-71 叶片式气动马达

1—转子；2—定子；3—叶片

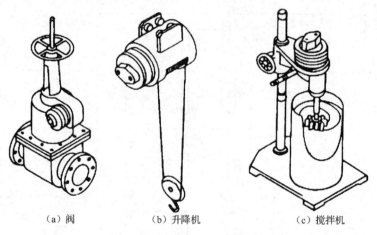

（a）阀　　　　（b）升降机　　　　（c）搅拌机

图 1-72 叶片式马达应用实例

3．控制元件

在气动系统中，气动控制元件是用来控制和调节压缩空气的压力、流量和方向的，使气动执行机构获得必要的力、动作速度并改变运动方向，并按规定的程序工作。气动控制元件按功能和用途可分为压力控制阀、流量控制阀和方向控制阀三大类。此外，还有通过改变气流方向和通断以实现各种逻辑功能的气动逻辑元件等。

1）方向控制阀

气动换向阀按其控制方式不同可以分为电磁换向阀、气动换向阀、机动换向阀和手动换向阀，其中后三类换向阀的工作原理和结构与液压换向阀中相应的阀类基本相同；按其作用特点可以分为单向型控制阀和换向型控制阀。

（1）单向阀

单向阀是最简单的一种单向型方向阀，图 1-73（b）所示为单向阀的典型结构。当气流由

P 口进气时，气体压力克服弹簧力和阀芯与阀体之间的摩擦力，阀芯左移，P、A 接通。为保证气流稳定流动，P 腔与 A 腔应保持一定压力差，使阀芯保持开启。当气流反向时，阀芯在 A 腔气压和弹簧力作用下右移，P、A 关闭。密封性是单向阀的重要性能。最好采用平面弹性密封，尽量不采用钢球或金属阀座密封。

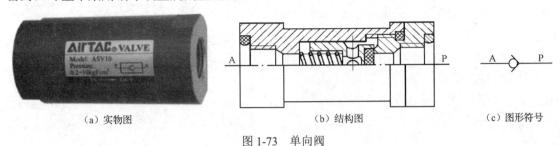

(a) 实物图　　　　　　　　　(b) 结构图　　　　　　　　　(c) 图形符号

图 1-73　单向阀

（2）梭阀（或门）

梭阀相当于由两个单向阀组合而成，有两个输入口和一个输出口，在气动回路中起逻辑"或"的作用，又称或门型梭阀。图 1-74 所示为梭阀的两种结构。当 P_1 腔进气，P_2 腔通大气时，阀芯推向左边，A 有输出。反之，P_2 腔进气，P_1 腔通大气，阀芯推向右边，A 也有输出。当 P_1、P_2 都进气，且气压力相等，视压力加入的先后次序，阀芯可停在左边或右边；若压力不相等，则开启高压口通路。两种情况下 A 都有输出。

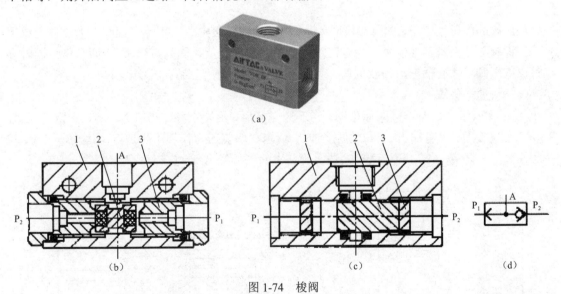

图 1-74　梭阀

1—阀体；2—阀芯；3—阀座

图 1-74（b）的结构在切换过程中有窜气现象，但因摩擦阻力小，最低工作压力低，广泛应用于执行回路和不会造成误动作的控制回路。图 1-74（c）避免了窜气现象，但摩擦阻力较大，最低工作压力增高，多用于控制回路，特别是逻辑回路中。图 1-74（d）为梭阀的图形符号。

或门型梭阀在逻辑回路和程序控制回路中被广泛采用。图 1-75 是在手动—自动回路中作控制换向回路常用的或门型梭阀。当其用于高低压转换回路中时，须注意，若一个输入口进气，另一个输入口则必须排气。

(3) 双压阀（与门）

双压阀又称与门型梭阀，其有两个输入口 P_1、P_2 和一个输出口 A。当 P_1、P_2 都有输入时，A 才有输出。双压阀用于互锁回路中，起逻辑"与"的作用。

图 1-76 所示为双压阀。当 P_1 进气，P_2 通大气时，阀芯推向右侧，使 P_1、A 通路关闭，A 无输出。反之，当 P_2 进气而 P_1 通大气时，阀芯推向左

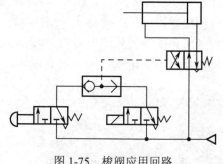

图 1-75 梭阀应用回路

侧，使 P_2、A 关闭，A 也无输出。只有当 P_1、P_2 同时输入时，气压低的一侧才与 A 相通，使 A 有输出。

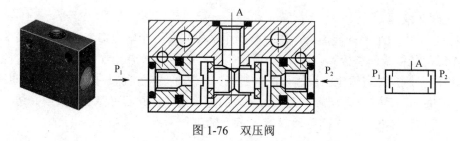

图 1-76 双压阀

双压阀的应用很广泛，图 1-77 所示为该阀在互锁回路中的应用。行程阀 1 为工件定位信号，行程阀 2 是夹紧工件信号。只有在工件定位并被夹紧后，即只有当 1、2 两个信号同时存在时，双压阀 3 才有输出，使换向阀 4 切换，钻孔缸 5 进给，钻孔开始。

(4) 快速排气阀

图 1-78 所示为快速排气阀原理图。当 P 腔进气后，活塞上移，阀口 2 开启，阀口 1 关闭，P 口和 A 口接通，A 有输出。当 P 腔排气时，活塞在两侧压差作用下迅速向下运动，将阀口 2 关闭，阀口 1 开启，A 口和排气口接通，管路中的气体经 A 通过排气口排出。

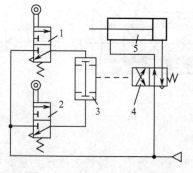

图 1-77 双压阀应用回路
1, 2—行程阀；3—双压阀；4—换向阀；5—钻孔缸

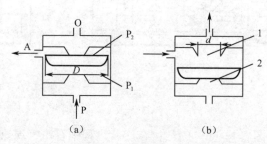

图 1-78 快速排气阀工作原理

快速排气阀主要用于气缸排气，以加快气缸动作速度。通常，气缸的排气是从气缸的腔室经管路及换向阀而排出的，若气缸到换向阀的距离较长，排气时间亦较长，气缸的动作速度缓慢。采用快速排气阀后，气缸内的气体就直接从快速排气阀排向大气，如图 1-79 所示。

第1章 机电液一体化系统设计

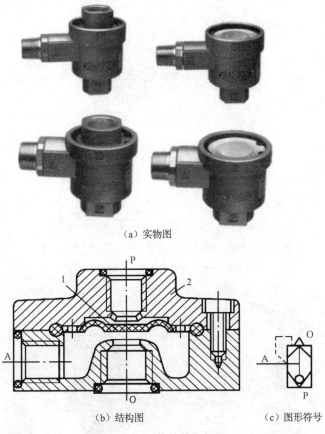

(a) 实物图

(b) 结构图　　　　(c) 图形符号

图 1-79　快速排气阀

快速排气阀的应用回路如图 1-80 所示。在实际使用中,快速排气阀应配置在需要快速排气的气动执行元件附近,否则会影响快排效果。

(5) 气压控制换向阀

气压控制换向阀是利用气体压力来获得轴向力使主阀芯迅速移动换向从而使气体改变流向的,按施加压力的方式不同可分为加压控制、泄压控制、差压控制和延时控制等。

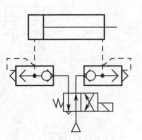

图 1-80　快速排气阀应用回路

① 加压控制。加压控制是指加在阀芯控制端的压力信号的压力值是渐升的,当压力升至某一定值时,阀芯迅速移动换向控制。加压控制有单气控和双气控之分。图 1-81 为单气控加压式换向阀,图 1-82 为双气控加压式换向阀,阀芯沿着加压方向移动换向。

② 泄压控制。泄压控制是指加在阀芯控制端的压力信号的压力值是渐降的,当压力降至某一定值时,阀芯迅速移动换向控制。泄压控制也有单气控和双气控之分。其原理如图 1-83 所示。

③ 差压控制。差压控制是利用阀芯两端受气压作用的有效面积不等,在气压作用下产生的作用力之差而使阀切换的,其动作原理如图 1-84 所示。

④ 延时控制。延时控制是指利用气体经过小孔或缝隙后再向气容充气,经过一定的延时,当气容内压力升至一定值后再推动阀切换,从而达到信号延时的目的。

(a) 实物图

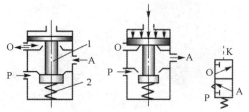

(b) 没有控制信号　　(c) 有控制信号　　(d) 图形符号

图 1-81　单气控加压式换向阀

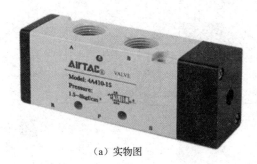

(a) 实物图

(b) 有气控信号K_1　　(c) 有气控信号K_2　　(d) 图形符号

图 1-82　双气控加压式换向阀

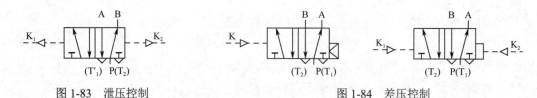

图 1-83　泄压控制　　　　　　　图 1-84　差压控制

图 1-85 是固定式延时控制换向阀原理图，当 P 口有气输入时，A 口有气输出；同时，从阀芯小孔不断向气容充气，当气压达到一定值后，阀芯左移，使 A 与 T 相通，P 与 A 断开。

(6) 电磁控制换向阀

电磁控制换向阀是利用电磁力来获得轴向力使阀芯迅速移动换向的，与液压传动中的电磁控制换向阀一样，也由电磁铁控制部分和主阀两部分组成。按电磁力作用于主阀阀芯方式不同分为电磁铁直接控制（直

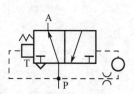

图 1-85　固定式延时控制

动）式电磁阀和先导式电磁阀两种。它们的工作原理分别与液压阀中的电磁换向阀和电液换向阀相似。

① 直动式电磁阀。用电磁铁产生的电磁力直接推动换向阀阀芯换向的阀称为直动式电磁阀。根据阀芯复位的控制方式可分为直动式单电磁控制弹簧复位和直动式双电磁控制两种。单电磁控制换向阀如图 1-86 所示。图 1-86（b）为断电时的状态；图 1-86（c）为通电时的状态；图 1-86（d）为该阀的图形符号。这种阀阀芯的移动靠电磁铁，而复位靠弹簧，因而换向冲击较大，故一般只制成小型的阀。

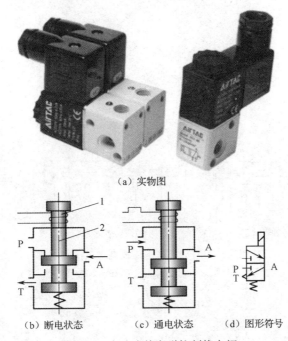

（a）实物图

（b）断电状态　　（c）通电状态　　（d）图形符号

图 1-86　直动式单电磁控制换向阀

1—电磁铁；2—阀芯

若将阀中的复位弹簧改成电磁铁，就成为双电磁控制换向阀，如图 1-87 所示。图 1-87（b）为 1 通电、3 断电时的状态，此时气压信号进入主控阀左端，阀芯右移，P、A 腔接通，A 腔进气；B、T_2 腔接通，B 腔排气。图 1-87（c）为 3 通电、1 断电时的状态，动作相反。图 1-87（d）为其图形符号。由此可见，这种阀的两个电磁铁只能交替通电工作，不能同时通电，否则会产生误动作，但可同时断电。在两个电磁铁均断电的中间位置，通过改变阀芯的形状和尺寸，可形成三种气体流动状态（类似于液压阀的中位机能），即中间封闭（O 形），中间加压（P 形）和中间泄压（Y 形），以满足气动系统的不同要求。

② 先导式电磁阀。由微型直动式电磁铁控制输出的气压推动主阀阀芯实现阀通路切换的阀类，称为先导式电磁阀（见图 1-88）。它实际上是由电磁控制和气压控制（加压、泄压、差压等）组成的一种复合控制，通常称为先导式电磁控制。其特点是启动功率小，主阀阀芯行程不受电磁控制部分影响，不会因主阀阀芯卡住而烧毁线圈。

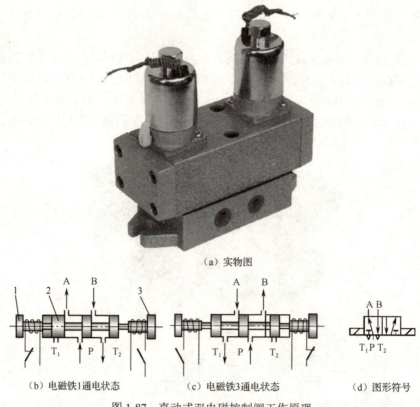

(a) 实物图

(b) 电磁铁1通电状态　　(c) 电磁铁3通电状态　　(d) 图形符号

图 1-87　直动式双电磁控制阀工作原理

1，3—电磁铁；2—阀芯

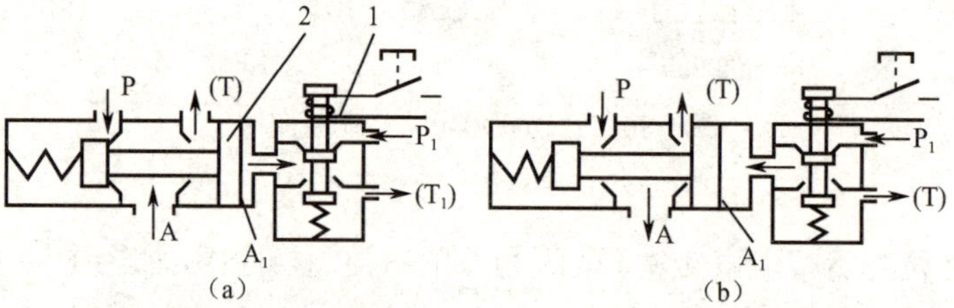

图 1-88　单电控电磁换向阀工作原理

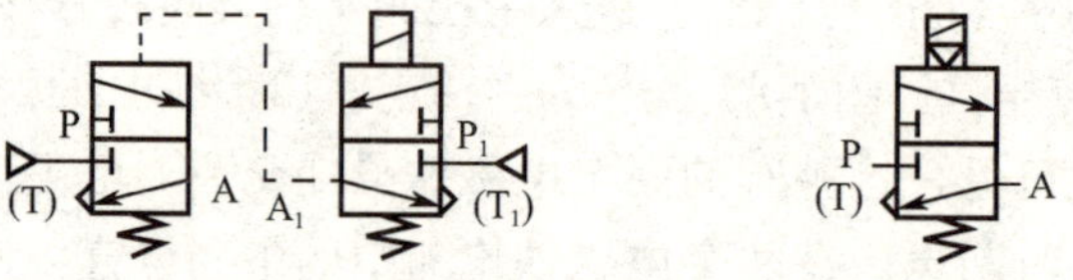

1—电磁先导阀；2—主阀

机械控制和人力控制换向阀是靠机动（行程挡块等）和人力（手动或脚踏等）来使阀产生切换动作的，其工作原理与液压阀中相类似的阀基本相同，不再复述。

2）压力控制阀

调节和控制压力大小的气动元件称为压力控制阀。它包括减压阀（调压阀）、安全阀（溢流阀）、顺序阀、压力比例阀、增压阀及多功能组合阀等。

(1) 减压阀

减压阀是出口侧压力可调（但低于入口侧压力），并能保持出口侧压力稳定的压力控制阀。减压阀的结构和工作原理见气动三联件中的介绍。

(2) 安全阀（溢流阀）

安全阀是为了防止元件和管路等的破坏，而限制回路中最高压力的阀，超过最高压力时自动放气。溢流阀是在回路中的压力达到阀的规定值时，使部分气体从排气侧放出，以保持回路内的压力在规定值的阀。溢流阀和安全阀的作用不同，但结构原理基本相同。

图 1-89 为安全阀示意图。阀的输入口与控制系统（或装置）连接。当系统中的气体压力为零时，作用在阀芯上的弹簧力（或重锤）使它紧压在阀座上。当系统中的气体压力上升到开启压力 P_k 时，使安全阀口开启，压缩空气从排气口急速排出。阀开启后，若系统中的压力继续上升到安全阀的全开压力 P_q 时，则阀口全部开启，从排气口排出额定的流量。此后，系统中压力逐渐降低，当低于系统工作压力的调定值（即阀的关闭压力 P_g）时，阀口关闭。

(3) 顺序阀

顺序阀是当入口压力或先导压力达到设定值时，便允许气体从入口侧向出口侧流动的阀。

图 1-90 为顺序阀的示意图。当输入口 P 的气体作用在阀活塞上的作用力大于弹簧的调定值时，P 与 A 接通，阀开启，气体输向下一个执行元件，实现顺序动作。

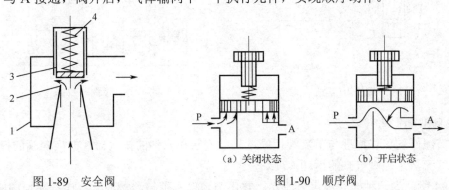

图 1-89 安全阀　　　　图 1-90 顺序阀

1—阀体；2—阀口；3—阀芯；4—弹簧

3）流量控制阀

气压传动系统中，通过调节压缩空气的流量，实现对执行元件的运动速度、延时元件的延时时间等的控制称为流量控制。

气动流量控制阀主要包括以下两种：一种设置在回路中，对回路所通过的空气流量进行控制，这类阀有节流阀、单向节流阀、柔性节流阀、行程节流阀；另一种连接在换向阀的排气口处，对换向阀的排气量进行控制，这类阀称为排气节流阀。图 1-91 为节流阀结构图和图形符号。

(1) 节流阀

图 1-91 为节流阀结构图和图形符号。节流阀的工作原理与液压阀中节流阀相似，这里不再赘述，请参看液压节流阀。

(2) 单向节流阀

单向节流阀是由单向阀和节流阀并联而成的流量控制阀，常用于控制气缸的运动速度故常称为速度控制阀。

单向阀的功能是靠单向型密封圈来实现的。图 1-92（b）为排气节流式，图 1-92（c）为进气节流式,区别只是单向型密封圈的装配方向改变。自由流动是指单向阀开启方向的流动。控制流动是指从单向阀关闭方向。

(3) 柔性节流阀

图 1-93 为柔性节流阀的原理图,其节流作用主要是依靠上下阀杆夹紧柔韧的橡胶管面产生的。当然,也可以利用气体压力来代替阀杆压缩橡胶管。柔性节流阀结构简单,压力降小,动作可靠性高,对污染不敏感,通常工作压力范围为 0.3～0.63MPa。

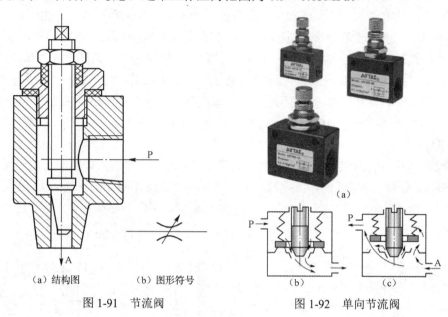

图 1-91 节流阀　　图 1-92 单向节流阀

(4) 排气节流阀

排气节流阀的工作原理与节流阀相同,只是安装在元件的排气口(如换向阀的排气口),用改变排气流量来控制气缸的运动速度。

图 1-94 所示为一种排气消声节流阀。它由节流阀和消声器构成,直接拧在换向阀的排气口上。由于其结构简单,安装方便,能简化回路,故应用日益广泛。

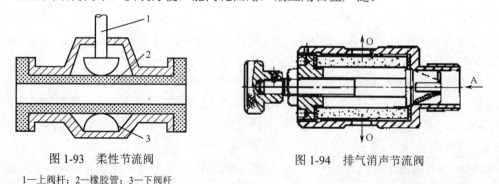

图 1-93 柔性节流阀　　图 1-94 排气消声节流阀

1—上阀杆;2—橡胶管;3—下阀杆

4. 气动元件安装与调试

1) 管路安装

安装前应彻底检查、清洗管道中的粉尘等杂物,经检查合格的管道需吹扫后才能安装。

安装时应按管路系统安装图中标明的安装、固定方法安装，并要注意如下问题：

（1）管道接口部分的几何轴线必须与管接头的几何轴线重合。否则会产生安装应力或造成密封不好。

（2）螺纹连接头的拧紧力矩要适中。既不能过紧使管道接口部分损坏，也不能过松而影响密封。

（3）为防止漏气，连接前螺纹处应涂密封胶。螺纹前端 2～3 牙不涂密封胶或拧入 2～3 牙后再涂密封胶，以防止密封胶进入管道内。

（4）软管安装时应避免扭曲变形。在安装前，可在软管表面沿软管轴线涂一条色带，安装后用色带判断软管是否被扭曲。为防止拧紧时软管的扭曲，可在最后拧紧前将软管向相反方向转动 1/8～1/6 圈。

（5）软管的弯曲半径应大于其外径的 9～10 倍。可用管接头来防止软管的过度弯曲。

（6）硬管的弯曲半径一般情况下应不小于其外径的 2.5～3 倍。在弯管过程中，管子内部常装入填充剂支承管壁，从而避免管子截面变形。

（7）管路走向要合理。尽量平行布置，减少交叉，力求最短，弯曲要少，并避免急剧弯曲。短软管只允许做平面弯曲，长软管可以做复合弯曲。

（8）安装时应注意保证系统中的任何一段管道均能自由拆装。

（9）压缩空气管道要涂标记颜色，一般涂灰色或蓝色，精滤管道涂天蓝色。

管路系统的调试主要包括密封性试验和工作性能试验，调试前要熟悉管路系统的功用、工作性能指标和调试方法。密封性试验前，要连接好全部管路系统。压力源可采用高压气瓶，其输出气体压力不低于试验压力。用人耳细听的办法，可判断出大部分的泄漏量，还可以用皂液涂敷法或压降法检查密封性。当发现有外部泄漏时，必须先将压力降到零，方可进行拆卸及调整。系统应保压 2 小时。密封性试验完毕后，即可进行工作性能试验。这时管路系统具有明确的被试对象，重点检查被试对象或传动控制对象的输出工作参数。

2）气动元件安装

（1）安装前应查看阀的铭牌，注意型号、规格与使用条件是否相符，包括电源、工作压力、通径和螺纹接口等。

（2）安装减压阀之前的管路系统必须经过清洗，减压阀安装时必须使其后部靠近需要减压的系统，并保证阀体上的箭头方向与系统气体的流动方向一致。阀的安装位置应方便操作并便于观察压力表。减压阀不用时应旋松调压手柄，以免膜片长期受压引起塑性变形。在环境、恶劣粉尘多的场合，还需在减压阀前安装过滤器。油雾器则必须安装在减压阀的后面。

（3）人工操纵的阀应安装在便于操作的地方，操作力不宜过大。脚踏阀的踏板位置不宜过高，行程不能过长，脚踏板上应有防护罩。在有激烈振动的场合，人控阀应附加锁紧装置以保证安全。

（4）安装机控阀时应保证使其工作时的压下量不超过规定行程。

（5）用流量控制阀控制执行元件的运动速度时，原则上应将其装设在气缸接口附近。

3）系统调试及运行

系统调试前的准备工作：

（1）机械部分动作经检查完全正常后，方可进行气动回路的调试。

（2）在调试气动回路前，首先要仔细阅读气动回路图。

阅读气动回路图时应注意下面几点：

（1）阅读程序框图。通过阅读程序框图大体了解气动回路的概况和动作顺序及要求等。

（2）气动回路图中表示的位置（包括各种阀、执行元件的状态等）均为停机时的状态。因此，要正确判断各行程发信元件，如机动行程阀或非门发信元件此时所处的状态。

（3）详细检查各管道的连接情况。在绘制气动回路图时，为了减少线条数目，有些管路在图中并未表示出来，但在布置管路时却应连接上。在回路图中，线条不代表管路的实际走向，只代表元件与元件之间的联系与制约关系。

（4）熟悉换向阀（包括行程阀等）的换向原理和气动回路的操作规程。

系统调试步骤：

（1）熟悉气源，向气动系统供气时，首先要把压力调整到工作压力范围（一般为 0.4~0.5MPa）。然后观察系统有无泄漏，如发现泄漏处，应先解决泄漏问题。调试工作一定要在无泄漏情况下进行。

（2）气动回路无异常的情况下，首先进行手动调试。在正常工作压力下，按程序进程逐个进行手动调试，如发现机械部分或控制部分存在不正常的现象，应逐个予以排除，直至完全正常为止。

（3）在手动动作完全正常的基础上，方可转入自动循环的调试工作。直至整机正常运行为止。

试运行：

空载试运转不得少于 2h，注意观察压力、流量、温度的变化。如果发现异常现象，应立即停车检查，待排除故障后才能继续试运转。

负载试运转应分段加载，运转不得少于 4h，要注意油位、摩擦部位的温升等变化。在调试中应做好记录，以便总结经验，找出问题。

4）气动系统使用注意事项

（1）严格管理压缩空气的质量，开车前后要放掉系统中的冷凝水，定期清洗分水滤气器的滤芯。

（2）熟悉元件控制机构的操作特点，开车前要检查各调节手柄是否在正确位置，要注意各元件调节手柄的旋向与压力、流量大小变化的关系，严防因调节错误造成事故。检查行程阀、行程开关、挡块的位置是否正确、牢固，对导轨、活塞杆等外露部分的配合表面应预先擦拭。

（3）系统使用中应定期检查各部件有无异常现象，各连接部位有无松动。

（4）设备长期不用时，应将各手柄放松，以免弹簧失效而影响元件的性能。

（5）气缸拆下长期不使用时，所有加工表面应涂防锈油，进排气口加防尘塞。

（6）元件检修后重新装配时，零件必须清洗干净，特别注意防止密封圈剪切、损坏，注意唇形密封圈的安装方向。阀的密封元件通常用丁腈橡胶制成，应选择对橡胶无腐蚀作用的透平油作为润滑油。即使对无油润滑的元件，一旦使用了含油雾润滑的空气后，就不能中断使用。因为润滑油已将原有油脂洗去，中断后会造成润滑不良。

为使气动系统能长期稳定地运行，应采取下述定期维护措施：

（1）每天应将过滤器中的水排放掉。检查油雾器的油面高度及油雾器调节情况。

（2）每周应检查信号发生器上是否有铁屑等杂质沉积。查看调压阀上的压力表。检查油雾器的工作是否正常。

（3）每三个月检查管道连接处的密封，以免泄漏。更换连接到移动部件上的管道。检查阀口有无泄漏。用肥皂水清洗过滤器内部，并用压缩空气从反方向将其吹干。

（4）每六个月检查气缸内活塞杆的支承点是否磨损，必要时需更换。同时应更换刮板和密封圈。

1.4 自动化生产线常用电气设备及测试元件

1.4.1 伺服控制系统

伺服系统的发展经历了由液压到电气的过程。电气伺服系统根据所驱动的电机类型分为直流（DC）伺服系统和交流（AC）伺服系统。交流伺服电机克服了直流伺服电机存在的电刷、换向器等机械部件所带来的各种缺点，特别是交流伺服电机的过负荷特性和低惯性更体现出交流伺服系统的优越性，在节能、减少维护、提高和保证质量等方面有明显的经济效益，从伺服驱动产品当前的应用来看，精度更高、速度更快、使用更方便的交流伺服产品已经成为主流产品。所以交流伺服系统在工厂自动化（FA）等各个领域得到了广泛的应用。

由于伺服驱动产品在工业生产中的应用十分广泛，市场上的相关应用产品种类很多，从普通电机、变频电机、伺服电机、变频器、伺服控制到运动控制器、单轴控制器、多轴控制器、可编程控制器、上位控制单元乃至车间和厂级监控工作站等一应俱全，可以为功率需求从几十瓦到 100kW 以上的应用提供服务。

1. 伺服电机及控制器

伺服电机及驱动器如图 1-95 所示。

图 1-95　交流伺服电机与伺服驱动器

伺服电机是动作控制系统的肌肉，将伺服传动机构的电能转化为使机器动作的机械能。伺服电机可以按照以下四个标准分类：磁体类型（感应或永磁），机械技术（旋转或线性），电气技术（交流无刷或直流电刷）以及结构（壳体式或无框架式）。新一代的伺服电机大都采用了最新永磁材料制造，大大地提高了电机的性能，同时又缩小了电机的外形尺寸。伺服电机结构见图 1-96。

通常对伺服电机的要求有如下几条：

（1）从最低速到最高速电机都能平稳运转，转矩波动要小，尤其在低速如 0.1r/min 或更低速时，仍有平稳的速度而无爬行现象。

（2）电机应具有大的较长时间的过载能力，以满足低速大转矩的要求。一般直流伺服电机要求在数分钟内过载 4~6 倍而不损坏。

（3）为了满足快速响应的要求，电机应有较小的转动惯量和大的堵转转矩，并具有尽可能小的时间常数和启动电压。

（4）电机应能承受频繁启、制动和反转。

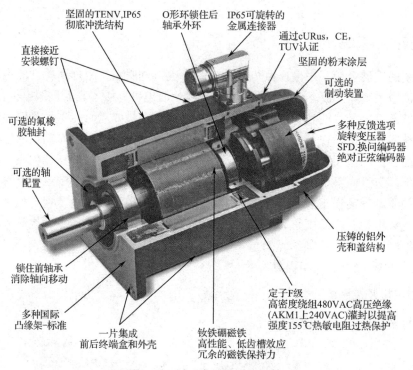

图 1-96　伺服电机结构剖视图

伺服控制单元又称为伺服驱动器，如图 1-97 所示，是伺服控制系统的大脑，向伺服电机发出执行指示。传统的模拟控制虽然具有连续性好、响应速度快及成本低的优点，但也有难以克服的缺点，如系统调试困难，容易产生漂移，难以实现柔性化设计，无法实现现代化控制理论指导下的控制算法等。所以现代伺服控制均采用全数字化结构，伺服控制系统的主要理论也采用了现代矢量控制思想，它实现了电流向量的幅值控制和相位控制。为了提高产品性能，伺服控制器采用了多种新技术，例如脉冲编码器的倍增功能、速度实时检测算法、电流环路中的 d-q 轴变化电流单元，具有灵活的可扩展性和柔性化的全数字设计等。这些都大大提高了伺服控制单元的控制能力。

随着工业机械化设备对高速化、高精度化和小型化以及高可靠性、免维护性能要求的提高，上位机控制群得以广泛应用。从上层的可编程控制器（PLC）、运动控制器、机床 CNC 控制器，可一直连到底层的通用输入/输出（I/O）控制单元和视觉传感系统。编程语言有梯形图、结构化文本语言（ST）、NC 语言、SFC 语言、运动控制语言等，均可按照用户要求灵活配置。

数控机床的伺服系统已经开始采用高速度、高精度的全数字伺服系统，使伺服控制技术从模拟方式、混合方式走向全数字方式。由位置、速度和电流构成的三环反馈全部数字化，应用数字 PID 算法，用 PID 程序来代替 PID 调节器的硬件，使用灵活，柔性好。数字伺服系统采用了许多新的控制技术和改进伺服性能的措施，使控制精度和品质大大提高。位置、速度和电流构成的三环结构如图 1-98 所示。

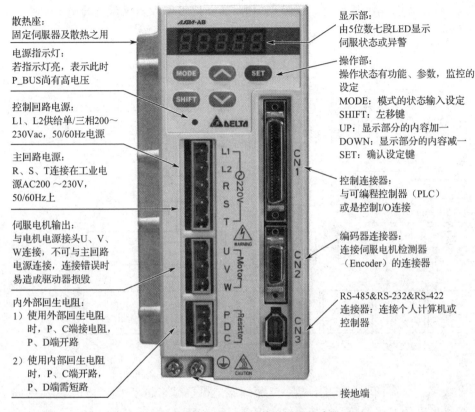

图 1-97　ASDA-AB 系列伺服驱动器

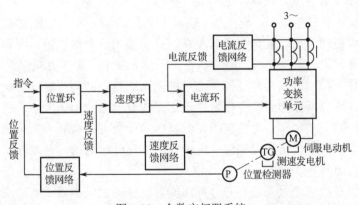

图 1-98　全数字伺服系统

图 1-98 中的功率变换单元采用模块式设计，其功能模块见图 1-99，三相全桥整流部分和交-直-交电压源型逆变器通过公共直流母线连接。三相全桥整流部分由电源模块来实现，为避免上电时出现过大的瞬时电流以及电机制动时产生很高的泵升电压，设有软启动电路和能耗泄放电路。逆变器采用智能功率模块来实现。

图 1-99 中，DSP 是整个系统的核心，主要完成实时性要求较高的任务，如矢量控制、电

流环、速度环、位置环控制以及 PWM 信号发生、各种故障保护处理等。MCU 完成实时性要求比较低的管理任务，如参数设定、按键处理、状态显示、串行通信等。FPGA 实现 DSP 与 MCU 之间的数据交换、外部 I/O 信号处理、内部 I/O 信号处理、位置脉冲指令处理、第二编码器计数等。

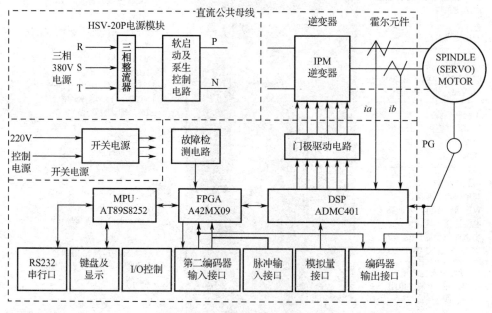

图 1-99　伺服驱动器功能模块图

随着全数字式交流伺服系统的出现，交流伺服电机也越来越多地应用于数字控制系统中。为了适应数字控制的发展趋势，控制系统中大多采用全数字式交流伺服电机作为执行电动机。在控制方式上用脉冲串和方向信号实现。

一般伺服都有三种控制方式：速度控制方式，转矩控制方式，位置控制方式。

如果产品对电机的速度、位置都没有要求，只要输出一个恒转矩，可采用转矩模式。如果对位置和速度有一定的精度要求，而对实时转矩没有要求，用速度或位置模式比较好。

转矩控制：转矩控制方式是通过外部信号的输入或直接的伺服地址的赋值来设定电机轴输出转矩大小的，可以通过实时改变信号的设定来改变设定的力矩大小，也可通过通信方式改变对应的地址的数值来实现，主要应用在对材质的受力有严格要求的装置中，例如绕线装置或拉光纤设备。转矩的设定要根据缠绕的半径的变化随时更改，以确保材质的受力不会随着缠绕半径的变化而改变。

位置控制：位置控制模式一般是通过外部输入的脉冲的频率来确定转动速度大小的，通过脉冲的个数来确定转动的角度，也有些伺服可以通过通信方式直接对速度和位移进行赋值。由于位置模式可以对速度和位置都有很严格的控制，所以一般应用于定位装置，应用领域如数控机床、印刷机械等。

速度模式：通过模拟量的输入或脉冲的频率都可以进行转动速度的控制，在有上位控制装置的外环 PID 控制时，速度模式也可以进行定位，但必须把电机的位置信号或直接负载的位置信号给上位回馈以做运算用。位置模式也支持直接负载外环检测位置信号，此时的电机轴端的编码器只检测电机转速，位置信号就由直接的最终负载端的检测装置来提供了，这样的优点在于可以减少中间传动过程中的误差,增加了整个系统的定位精度。

2. 步进电机及控制器

1)步进电机

步进电机是将电脉冲信号转变为角位移或线位移的开环控制元件,是一种专门用于速度和位置精确控制的特种电机,以固定的角度(称为步距角)一步一步运行的,故称步进电机。步进电机结构见图1-100。

在非超载的情况下,电机的转速、停止的位置只取决于脉冲信号的频率和脉冲数,而不受负载变化的影响,即给电机加一个脉冲信号,电机则转过一个步距角。这一线性关系的存在,加上步进电机只有周期性的误差而无累积误差等特点,使得在速度、位置等控制领域用步进电机来控制变得非常简单。

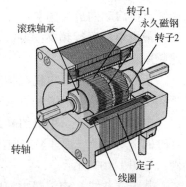

图1-100 步进电机内部结构图

步进电机的机座号是由中国制定的标准规范,是指电机外形、安装尺寸的大小等。机座号主要有35、39、42、57、86、110等,号码小的机座外形也小,号码数字大的外形也大。例如,42步进电机是指安装机座尺寸是42mm的步进电机,其最大输出力矩是0.5Nm左右;57步进电机是指安装机座尺寸是57mm的步进电机,其最大输出力矩可达3.0Nm。

虽然步进电机已被广泛地应用,但步进电机并不能像普通的直流电机、交流电机在常规下使用。步进电机必须由双环形脉冲信号、功率驱动电路等组成控制系统方可使用。因此用好步进电机却非易事,它涉及机械、电机、电子及计算机等许多专业知识。

(1)步进电机的静态指标术语

相数:产生不同对极N、S磁场的激磁线圈对数,常用m表示,指电机内部的线圈组数,目前常用的有两相、三相、五相步进电机。

拍数:完成一个磁场周期性变化所需的脉冲数,用n表示,或指电机转过一个齿距角所需的脉冲数,以四相电机为例,有四相四拍运行方式,即AB-BC-CD-DA-AB,四相八拍运行方式,即A-AB-B-BC-C-CD-D-DA-A。

步距角:对应一个脉冲信号,电机转子转过的角位移用θ表示。θ=360度(转子齿数J×运行拍数),以常规二、四相,转子齿为50齿电机为例。四拍运行时步距角为θ=360度/(50×4)=1.8度(俗称整步),八拍运行时步距角为θ=360度/(50×8)=0.9度(俗称半步)。

定位转矩:电机在不通电状态下,电机转子自身的锁定力矩(由磁场齿形的谐波以及机械误差造成的)。

静转矩:电机在额定静态电作用下,电机不作旋转运动时,电机转轴的锁定力矩。此力矩是衡量电机体积(几何尺寸)的标准,与驱动电压及驱动电源等无关。

虽然静转矩与电磁激磁安匝数成正比,与定齿转子间的气隙有关,但过分采用减小气隙,增加激磁安匝来提高静力矩是不可取的,这样会造成电机的发热及机械噪音。

(2)步进电机的动态指标术语

步距角精度:步进电机每转过一个步距角的实际值与理论值的误差。用百分比表示:误差/步距角×100%。运行拍数不同其值也不同,四拍运行时应在5%之内,八拍运行时应在15%

以内。

失步：电机运转时运转的步数，不等于理论上的步数。

失调角：转子齿轴线偏移定子齿轴线的角度。电机运转必存在失调角，由失调角产生的误差，采用细分驱动是不能解决的。

最大空载启动频率：电机在某种驱动形式、电压及额定电流下，在不加负载的情况下，能够直接启动的最大频率。

最大空载运行频率：电机在某种驱动形式、电压及额定电流下，电机不带负载的最高转速频率。

运行矩频特性：电机在某种测试条件下测得运行中输出力矩与频率关系的曲线称为运行矩频特性，这是电机诸多动态性能特性曲线中最重要的，也是电机选择的根本依据。

电机一旦选定，电机的静力矩确定，而动态力矩却不然，电机的动态力矩取决于电机运行时的平均电流（而非静态电流），平均电流越大，电机输出力矩越大，即电机的频率特性越硬，如图1-101所示。

其中，曲线3电流最大或电压最高；曲线1电流最小或电压最低，曲线与负载的交点为负载的最大速度点。要使平均电流大，应尽可能提高驱动电压，使用小电感大电流的电机。

电机的共振点：步进电机均有固定的共振区域，二、四相感应子式步进电机的共振区一般在180~250pps之间（步距角1.8度）或在400pps左右（步距角为0.9度），电机驱动电压越高，电机电流越大，负载越轻，电机体积越小，则共振区向上偏移，反之亦然。为使电机输出电矩大，不失步和整个系统的噪音降低，一般工作点均应偏移共振区较多。

电机正反转控制：控制绕组的通电顺序来控制电机的旋转方向，有多种控制形式。

此外，还有噪频特性和温频特性，这两个特性与驱动器的特性关系联系紧密。

2）步进电机驱动控制

步进电机的控制系统由环形脉冲、功率放大等组成，其主要功能模块包括脉冲信号接收、信号分配与功率放大。为尽量提高电机的动态性能，将信号分配、功率放大组成步进电机的驱动电源。步进电机与控制器的接线方式见图1-102。

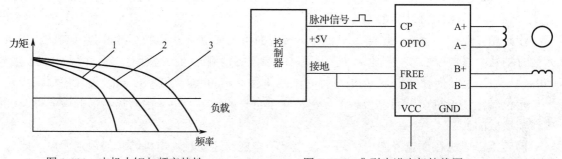

图1-101　电机力矩与频率特性　　　　图1-102　典型步进电机接线图

表1.5为常见步进电机驱动端子符号说明，依据不同厂家驱动产品信号可能会略有变化。

步进电机一经定型，其性能取决于电机的驱动电源。步进电机转速越高，力矩越大，则要求电机的电流越大，驱动电源的电压越高。图1-103和图1-104为某公司生产的步进电机驱动器及接线方式。

第 1 章 机电液一体化系统设计

表 1.5 常见步进电机驱动端子符号

符号	说 明	符号	说 明
CP	接 CPU 脉冲信号（负信号，低电平有效）	OPTO	接 CPU+5V
FREE	脱机，与 CPU 地线相接，驱动电源不工作	VCC	直流电源正端
DIR	方向控制，与 CPU 地线相接，电机反转	GND	直流电源负端
A	接电机引出线红线	A	接电机引出线绿线
B	接电机引出线黄线	B	接电机引出线蓝线

图 1-103　DM556 步进电机驱动器外观图

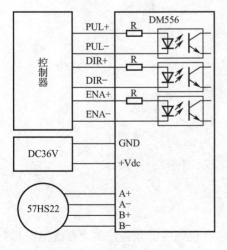 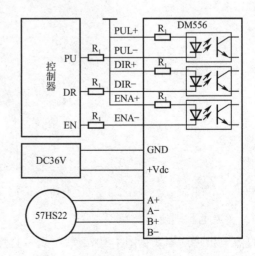

DM556配57HS22典型接法（差分接法）　　　　DM556配57HS22典型接法（共阳极接法）

图 1-104　DM556 步进电机驱动器接线方法

3. 直流电机

1）直流电机结构

直流电机是将直流电能转换为机械能的电动机。因其良好的调速性能而在电力拖动中得到广泛应用。直流电机按励磁方式分为永磁、他励和自励3类，其中自励又分为并励、串励和复励3种。直流电机结构由定子和转子组成，见图1-105，定子由基座、主磁极、换向极、电刷装置等组成；转子（电枢）由电枢铁心、电枢绕组、换向器、转轴和风扇等组成。

电枢铁芯：其作用是嵌放电枢绕组和颠末磁通，用来下降电机工作时电枢铁芯中发作的涡流损耗和磁滞损耗。

电枢：作用是发作电磁转矩和感应电动势，而进行能量变换。电枢绕组有许多线圈或玻璃丝包扁钢铜线或强度漆包线。

换向器：又称整流子，在直流电动机中，它的作用是将电刷上的直流电源的电流变换成电枢绕组内的沟通电流，使电磁转矩的倾向稳定不变，在直流发电机中，它将电枢绕组沟通电动势变换为电刷端上输出的直流电动势。电刷的形式见图1-106。

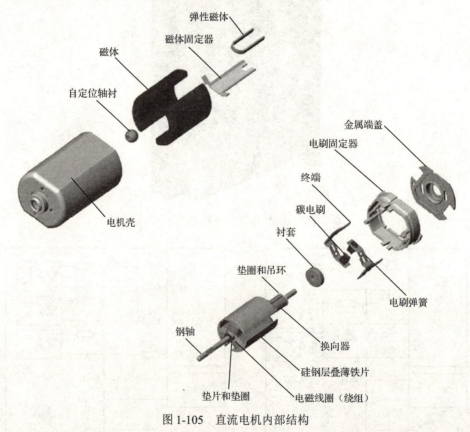

图1-105 直流电机内部结构

2）直流电机调速器

直流电机调速器（见图1-107）就是调节直流电动机速度的设备，由于直流电机具有低转速大力矩的特点，是交流电机无法取代的。调节直流电机速度的设备——直流调速器，由于它的特殊性能，常被用于直流负载回路、灯具调光或直流电机调速中。PWM（脉宽调制）调速器已经在工业直流电机调速、工业传送带调速、灯光照明调解、计算机电源散热、直流扇等方面得到广泛应用。

 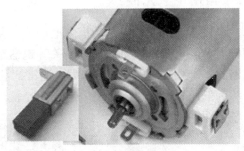

（a）碳叶片电刷（左）和金属指状叶片电刷（右）　　　（b）碳笼电刷

图 1-106　直流电机电刷

图 1-107　某型号的可逆直流调速器

例如某系列的可逆直流调速器的电源电压有 12、24、36、48 几个等级，最大电流能够达到 100A，最大输出电力 200A，具有 0～5V/10V 模拟量和 PWM 脉宽调制两种控制形式，有四象限可逆模式，具有再生制动、能量回收、低速启动和力矩补偿功能，以及断路、过流、过压、欠压、过热、低功率保护功能等。能够最大化实现直流电机的安全稳定运行。直流电机与调速器的接线见图 1-108。

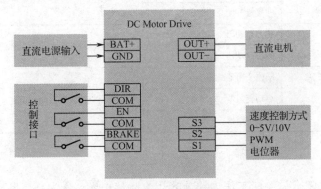

图 1-108　直流电机与调速器的接线

1.4.2 常用电气元件

生产设备一般都是由电动机来拖动的,而电动机尤其是三相异步电动机是由各种有触点的接触器、继电器、按钮、行程开关等电器组成的电气控制线路来进行控制的。电气系统控制电路的基本组成元件是低压电器,通常把额定电压等级在交流 1200V 或直流 1500V 以下的电器称为低压电器,包括电路中起通断、检测、保护、控制或调解作用的电器产品。常用电气系统元件见表 1.6。

表 1.6 常用电气系统元件

种类	名称	主要器件	说明
配电电器	刀开关 空气断路器	刀开关	主要用于低压成套配电装置,用于不频繁地接通和断开电路电源或额定电流以下的负载
		熔断式隔离开关	
		漏电保护开关	
		负载断路器	
		限流断路器	
	转换开关	组合开关	用于两组以上电源和负载的转换
		换向开关	
	熔断器	快速熔断器	用于保护串联在电路中的设备
	接触器	交流接触器	可频繁地接通和分断交直流主回路及控制正常工作的电路
		直流接触器	
控制电器	继电器	中间继电器	控制电路信号转换或主电路的保护
		速度继电器	
		时间继电器	
		电流继电器	
		电压继电器	
		热继电器	
	主令开关	按钮	用于发送控制指令
		限位开关	
		微动开关	
		非接触开关	
	启动器	磁力启动器	用作电动机的启动和正反转控制
		降压启动器	
	变阻器	励磁变阻器	用于电机的减压启动和调速
		启动变阻器	
		频敏变阻器	

1. 断路器

断路器主要用来闭合与关断工作电路或者用来隔离电源,分为高压断路器和低压断路器。高压断路器主要应用在发电厂和变电所中,低压断路器又称为自动空气开关或者空气断路器,一般由触头系统、灭弧装置、各种可供选择的脱扣器、复位机构和锁扣机构等部分组成。除完成接通和分断电路外，还能对电路或电气设备发生的短路、过载、欠电压等故障进行保护。因此生产设备上使用很广泛。DZ型塑料外壳式低压断路器的外形如图1-109所示，结构如图1-110所示。

图1-109　断路器

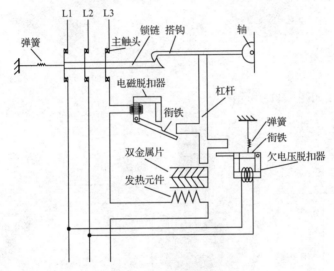

图1-110　断路器结构图

脱扣器是低压断路器的主要保护装置，包括电磁脱扣器（作短路保护）、热脱扣器（过载保护）、失电压脱扣器以及复合脱扣器等。其主要技术数据有额定工作电压、额定工作电流、额定绝缘电压、欠电压脱扣器额定电压、过载脱扣器额定工作电流、额定断路通断能力以及分断时间等。低压断路器应根据电路的额定电流及保护的要求来选择。相关的国家标准参考GB 14048.2—2008《低压开关设备和控制设备 第2部分：断路器》。断路器的图形符号见图1-111。

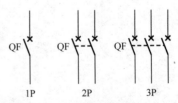

图1-111　断路器的图形符号

2．接触器

接触器是一种用来频繁地接通或切断带有负载的交、直流主电路或大容量控制电路的自动切换电器。其主要控制对象是电动机，也可用于其他电力负载，如图1-112所示。接触器具有控制容量大，适用于频繁操作和远距离控制，工作可靠、寿命长等特点。它具有低电压保护的功能,在电力拖动自动控制线路中被广泛应用。相关国标参见 GB 14048.4—2010《低压开关设备和控制设备第 4-1 部分:接触器和电动机启动器机电式接触器和电动机启动器(含电动机保护器)》。

接触器的运动部分(动铁心、触头等),可借助于电磁力、压缩空气、液压力的作用来驱动。在此,只介绍电磁力驱动的空气式电磁接触器(Magnetic Contactor)。电磁式接触器主要由电磁机构、主触点、辅助触点、灭弧装置、支架和底座等部分组成。

图 1-112 接触器

接触器实物接线如图 1-113 所示。

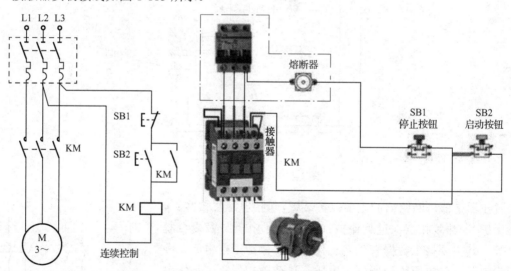

图 1-113 接触器应用

接触器的电气符号见图 1-114。

选用接触器主要考虑主触点的额定电压、额定电流、辅助触点的数量和种类、线圈吸合的电压等级及操作频率等。按其主触头通过的电流种类可分为交流接触器和直流接触器两种,控制交流负载应选用交流接触器,控制直流负载则选用直流接触器。

主触头额定电压应大于或等于负载的额定电压,其额定电流选择应考虑电动机功率 P_N(kW)、额定电压 U_N、功率因数 $\cos\varphi$ 以及电动机效率 η,依据公式或者根据电气设备手册选择。

$$I_N = \frac{P_N \times 10^3}{\sqrt{3} U_N \cos\varphi\, \eta}$$

接触器吸合线圈的额定电压应与控制电路电压一致，不一定等于主触点的额定电压，在大于或等于吸合线圈额定电压的 85%时能可靠地吸合。接触器吸合的频率不应大于规定值，否则通断电流过大、通断频率较高时，易引起触头过热，应选用额定电流大一级的接触器。

安装接触器时，应垂直安装，有散热孔的接触器，应放在上下位置，以利于散热降低线圈温度。

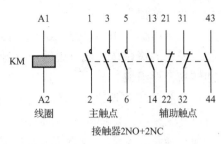

图 1-114　接触器的电气符号

3. 中间继电器

继电器是一种根据输入信号的变化达到某一设定值时使得继电器动作，控制执行元件接通或断开触点，以实现电路自动控制或保护设备运行的器件。继电器的原理结构与接触器类似，但是由于触点数量较多，没有主触点和灭弧装置。输入信号有多种电量或非电量信息，主要包括电流、电压、热、时间、转速、压力等。由于电磁式继电器具有工作可靠、结构简单、制造成本低、使用寿命长等诸多优点，应用也最为广泛。

继电器种类繁多，选择继电器时也要注意信号感应种类、负载电源电压、额定电压、额定电流、线圈额定电流和电压以及触点类型和数量等，控制电路设计时要考虑周到。

中间继电器，实质上是一种电压继电器，通常用来传递信号，将一个输入信号变成多个输出信号，作为信号传递、连锁、转换、隔离或信号放大的继电器。它的触点数目较多（最多有 8 对），触点容量通常在 5～10A 之间，动作快，也可以直接控制小容量电动机或电气执行元件。中间继电器外形如图 1-115 所示，结构如图 1-116 所示，电气符号如图 1-117 所示。

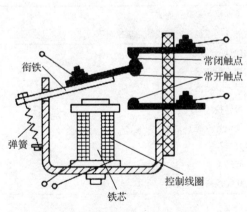

图 1-115　中间继电器结构

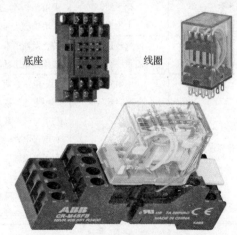

图 1-116　中间继电器外形

1.4.3　传感器

传感器的概念来自"感觉（sensor）"一词，人们为了研究自然现象，仅靠人的五官获取外界信息是远远不够的，于是发明了能代替或补充人五官功能的传感器，工程上也将传感器称为"变换器"。

根据国标（GB 7665-2005），传感器的定义为：能感受被测量并按照一定的规律转换成可用输出信号的器件或装置，通常由敏感元件和转换元件组成。

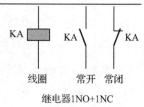

图 1-117 中间继电器电气符号

传感器工作原理是指传感器工作所依据的物理、化学和生物效应，并受相应的定律和法则所支配，如物理基础的基本定律包括守恒定律（能量、动量、电荷等），场的定律（包括动力场运动定律、电磁场的感应定律等，其作用与物体在空间的位置及分布有关），物质定律（如虎克定律、欧姆定律、半导体材料的各种效应等，表示本身内在性质的定律），统计法则（把微观系统与宏观系统联系起来的物理法则，它们常与传感器的工作状态有关）。

从传感器的输入端来看，一个指定的传感器只能感受规定的被测量，对被测量具有最大的灵敏度和最好的选择性。例如温度传感器只能用于测温，而不希望它同时还受其他物理量的影响。

从传感器的输出端来看，传感器的输出信号为"可用信号"，"可用信号"是指便于处理、传输的信号。

从输入与输出的关系来看，它们之间具有"一定规律"，即传感器的输入与输出不仅是相关的，而且可以用确定的数学模型来描述。

传感器种类繁多，功能各异，见表 1.7。

表 1.7 传感器分类一览表

分 类 法	型 式	说 明
基本效应分类	物理型	采用物理效应进行转换
	化学型	采用化学效应进行转换
	生物型	采用生物效应进行转换
能量关系分类	能量转换型	传感器输出量直接由被测量能量转换而来
	能量控制型	传感器输出量能量由外部能源提供，但受输入量控制
工作原理分类	电阻式	利用电阻参数变化实现信号转换
	电容式	利用电容参数变化实现信号转换
	电感式	利用电感参数变化实现信号转换
	压电式	利用压电效应实现信号转换
	磁电式	利用电磁感应原理实现信号转换
	热电式	利用热电效应实现信号转换
	光电式	利用光电效应实现信号转换
	光纤式	利用光纤特性参数变化实现信号转换
输入量分类	长度、角度、振动、位移、压力、温度、流量、距离、速度	以被测量命名
输出量分类	模拟式	输出量为模拟信号（电压、电流……）
	数字式	输出量为数字信号（脉冲、编码……）

1. 电涡流传感器

金属导体置于变化着的磁场中或在磁场中作切割磁力线运动时，导体内就会产生感应电流，称之为电涡流或涡流。这种现象称为涡流效应。涡流式传感器就是在这种涡流效应的基础上建立起来的。电涡流原理见图 1-118。电涡流传感器见图 1-119。

图 1-118　电涡流原理　　　　　　　图 1-119　电涡流传感器

电涡流式电感传感器主要用于位移、振动、转速、距离、厚度等参数的测量，它可实现非接触测量，实现对汽轮机、水轮机、鼓风机、压缩机、空分机、齿轮箱、大型冷却泵等大型旋转机械轴的径向振动、轴向位移、键相器、轴转速、胀差、偏心以及转子动力学研究和零件尺寸检验等进行在线测量和保护，如低频透射式涡流厚度传感器、高频反射式涡流厚度传感器及电涡流式转速传感器。

广泛应用的电涡流式转速传感器，如图 1-120 所示，是在软磁材料制成的输入轴上加工一键槽，在距输入表面 d_0 处设置电涡流传感器，输入轴与被测旋转轴相连。当被测旋转轴转动时，输出轴的距离发生 $d_0+\Delta d$ 的变化。由于电涡流效应，导致振荡谐振回路的品质因数变化，使传感器线圈电感随 Δd 的变化也发生变化，影响振荡器的电压幅值和振荡频率。因此，随着输入轴的旋转，从振荡器输出的信号中包含有与转速成正比的脉冲频率信号。该信号由检波器检出电压幅值的变化量，然后经整形电路输出脉冲频率信号 f_n。将该信号送单片机或其他装置便可得到被测转速。

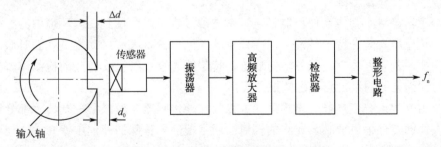

图 1-120　电涡流式转速传感器工作原理图

涡流式传感器的特点是结构简单，易于进行非接触的连续测量，灵敏度较高，适用性强，因此得到了广泛的应用。

2. 光电式传感器

光电式传感器是以光电器件作为转换元件的传感器。它可用于检测直接引起光量变化的非电量，如光强、光照度、辐射测温、气体成分分析等；也可用来检测能转换成光量变化的其他非电量，如零件直径、表面粗糙度、应变、位移、振动、速度、加速度，以及物体的形状、工作状态的识别等。光电式传感器具有非接触、响应快、性能可靠等特点，因此在工业自动化装置和机器人中获得广泛应用。光电传感器可以分为主动式光电传感器和被动式光电传感器两类。

(1) 主动式光电传感器

把一对红外线发射与红外线接收的装置放在一起，组成一个红外线的对射系统，这样的系统被定义为主动式红外传感器。

当红外线的发射和接收系统之间的不可见光路被挡住的时候，接收装置发出信号提醒光路被阻隔。以红外线发射器和接收器设置位置的类型不同，可以把它们的安装模式分为对向型安装和反射式安装。光电传感器见图1-121。

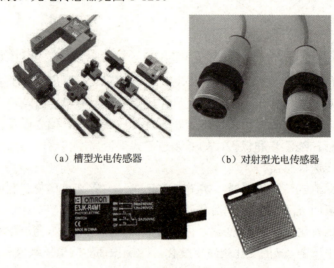

(a) 槽型光电传感器　　(b) 对射型光电传感器

(c) 反光板型光电传感器

图1-121　主动式光电传感器

(2) 被动式红外传感器

由于传感器自身不会传输任何能量，只是被动接收，以此达到探测环境中的红外辐射能量的目的。传感器安装在特定环境中，当检测的区域内没有人或者动物进入的时候，红外辐射的频率不变，若有人体中的红外辐射通过，特定的光学系统会使特定的检测设备产生特定信号，继而因为电路的设定会发出警报提醒。

其主要由光学系统、热释电传感器（或称为红外传感器）及报警控制器等部分组成。为了仅仅对人体的红外辐射敏感，在它的辐射面通常覆盖有特殊的菲涅尔滤光片，使环境的干扰受到明显的控制作用。红外传感器是这种探测设备的核心部分，因为光学系统的协调作用，这样就可以非常容易地检测到热辐射在固定的立体空间中的变化。被动式红外传感器见图1-122。

把被动式红外传感器分为单波束和多波束，这是依据它们的结构和探测范围的不同而分类的。根据反射聚焦式光学系统的原理，使单波束型的传感器的制作得到启发，就是用曲面反射镜把要处理的红外辐射汇聚在红外传感器上。由于被动式红外传感器的检测性能非常好，很容易设置部署且很便宜,所以应用很广泛;而相对于主动式传感器来说,被动式传感器的误报率很高。

3. 灰度传感器

所谓灰度,也可以认为是亮度。灰度传感器是模拟传感器。灰度传感器有一只发光二极管和一只光敏电阻,安装在同一面上。灰度传感器利用不同颜色的检测面对光的反射程度不同,光敏电阻对不同检测面返回的光阻值也不同的原理进行颜色深浅检测。在有效的检测距离内,发光二极管发出白光,照射在检测面上,检测面反射部分光线,光敏电阻检测此光线的强度并将其转换为设备可以识别的信号。

图 1-122 被动式红外传感器

在环境光干扰不是很严重的情况下,用于区别黑色与其他颜色。它还有比较宽的工作电压范围,在电源电压波动比较大的情况下仍能正常工作。它输出的是连续的模拟信号,因而能很容易地通过 A/D 转换器或简单的比较器实现对物体反射率的判断,是一种实用的机器人巡线传感器或识别黑白两色物体的传感器。常见电路接线图和简易灰度传感器板,见图 1-123。

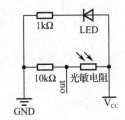

图 1-123 常见电路接线图和简易灰度传感器板

4. 行程开关

行程开关,是位置开关(又称限位开关)的一种,是一种常用的小电流主令电器。利用生产机械运动部件的碰撞使其触头动作实现接通或分断控制电路,达到一定的控制目的,它的作用原理与按钮类似。通常,这类开关被用来限制机械运动的位置或行程,使运动机械按一定位置或行程自动停止、反向运动、变速运动或自动往返运动等。

行程开关按其结构可分为直动式、滚轮式、微动式和组合式。

(1)直动式行程开关

其结构原理如图 1-124 所示,其动作原理与按钮开关相同,但其触点的分合速度取决于生产机械的运行速度,不宜用于速度低于 0.4m/min 的场所。

(2)滚轮式行程开关

当被控机械上的撞块撞击带有滚轮的撞杆时,撞

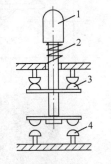

图 1-124 直动式行程开关
1—推杆;2—弹簧;3—动断触点;4—动合触点

杆转向右边,带动凸轮转动,顶下推杆,使微动开关中的触点迅速动作。当运动机械返回时,在复位弹簧的作用下,各部分动作部件复位,如图 1-125 所示。

滚轮式行程开关又分为单滚轮自动复位和双滚轮(羊角式)非自动复位式,双滚轮行移

开关具有两个稳态位置,有记忆作用,在某些情况下可以简化线路。

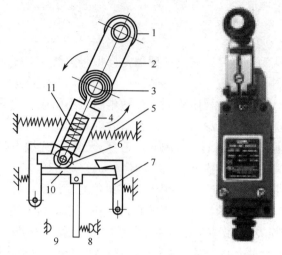

图 1-125 滚轮式行程开关

1—滚轮,2—上转臂,3、5、11—弹簧,4—套架,6—滑轮,7—压板,8、9—触点,10—横板

（3）微动开关式行程开关

其工作原理是：撞块压动推杆 1,使片状弹簧 2 变形,从而使触点动作；当撞块离开推杆后,片状弹簧恢复原状,触点复位,如图 1-126 所示。

微动开关体积小、重量轻、动作灵敏,适用于行程控制要求较精确的场合。但由于推杆允许的行程小,结构强度不高,因此使用时必须从机构上对推杆的最大行程加以限制,以免压坏开关。

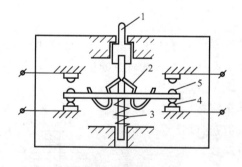

图 1-126 微动开关式行程开关

1—推杆,2—弹簧,3—压缩弹簧,4—动断触点,5—动合触点

第 2 章　可编程控制器基本结构及工作原理

2.1　可编程控制器（PLC）原理与特点

2.1.1　PLC 原理

由图 2-1 可以看出，PLC 的硬件主要由中央处理器（CPU）、存储器、输入单元、输出单元、通信接口、扩展接口电源等部分组成。其中，CPU 是 PLC 的核心，输入单元与输出单元是连接现场输入/输出设备与 CPU 之间的接口电路，通信接口用于与编程器、上位计算机等外设连接。PLC 实质上是一台用于工业控制的专用计算机，与一般的单片机、计算机结构和组成相似，并且也装有程序。

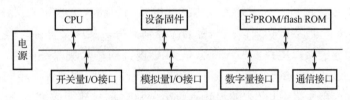

图 2-1　PLC 组成的原理框图

PLC 程序既有生产厂家开发安装在 PLC 中的系统程序（又称监控程序），又有用户开发的生产程序，但是 PLC 的工作方式与计算机的等待工作方式是不同的，其采用了循环扫描的工作方式，对于每个程序，CPU 从第一条指令开始执行，直至遇到结束符号后再返回到第一条语句，如此周而复始地不断循环，每一个循环称为一个扫描周期。实现的过程一般是：输入刷新→运行用户程序→输出刷新→输入刷新，永不停止反复运行。对于有中断触发，较好的办法是 PLC 仍旧以扫描工作方式为主，中断为辅，即大量控制都用扫描方式处理，个别急需的用中断处理。这样既可照顾全局，又可应急处理个别紧急或重要的事件。

PLC 的工作原理在实际工作中比较复杂，大体上讲就是：在空间上，由 I/O 电路进行输入/输出变换，物理实现；在时间上，以扫描方式运行程序，并辅以中断和刷新。

2.1.2　组成

PLC 生产厂家很多，产品结构也各不相同，但基本组成部分大体一致。其内部采用总线结构进行数据和指令的传输。由于 PLC 直接应用于工业环境，必须具有很强的抗干扰能力、广泛的适应能力和广阔的应用范围，这是区别于一般微机控制系统的重要特征。同时，也强调了 PLC 用软件方式实现的"可编程"与传统控制装置中通过硬件或硬接线的变更来改变程序的本质区别。

根据实际控制对象的需要配备一定的外部设备，可以构成不同的 PLC 控制系统。典型的可编程控制器功能有如下几种：开关量控制，模拟量控制，定时控制，步进控制，数字处理，自诊断功能,定位控制,通信联网功能,显示、打印功能。

为了使用方便,还常配套有编程器、打印机、触摸屏等外部设备,它们可以通过总线或标准接口与 PLC 连接,还可以配置通信模块与上位机及其他 PLC 进行通信,构成分布式控制系统。

如果把 PLC 看作一个系统,则 PLC 由三个基本部分组成:输入部分、逻辑处理部分、输出部分。基本结构示意图参见图 2-2 所示。对输入输出模块有两个主要要求,一是要有良好的抗干扰能力,二是能满足工业现场各类信号的匹配要求。一般的输入/输出部分都有光电隔离装置,可以显著增强抗干扰能力。

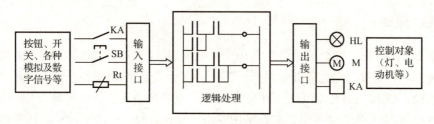

图 2-2 PLC 的基本组成框图

输入部分是指各类按钮、行程开关、传感器等接口电路,它收集并保存来自被控对象的各种开关量、模拟量、数字量和来自控制台的命令信息等。从广义上讲,输入包括两个部分:一部分是与设备相连的接口电路,另一部分是 PLC 内部的输入映像寄存器。

实际上,工业过程控制的输入信号多种多样,信号的通信规则各不相同,而 PLC 所能处理的信号只能是标准电平。因此必须通过输入部分将这些信号转换成 PLC 的 CPU 能够识别的标准电平信号,并存入到输入映像寄存器。运行时 CPU 从输入映像寄存器中读取输入信息并进行处理,将处理结果放到输出映像寄存器。

输出部分是指驱动各种电磁线圈、交/直流接触器、信号指示灯、数字显示装置和报警装置等执行元件的接口电路,它向被控对象提供动作信息,可以是开关量、数字量和模拟量。同输入部分相似,输出部分也包括两个:一个是与被控设备相连接的接口电路,另一个是输出的映像寄存器。

PLC 运行时 CPU 从输入映像寄存器读取输入信息并进行处理,将处理结果放到输出映像寄存器。输出映像寄存器由输出点相对应的触发器组成,输出接口电路将其由弱电控制信号转换成现场需要的强电信号输出,以驱动电磁阀、接触器、指示灯等被控设备的执行元件。

逻辑处理部分用于处理输入部分取得的信息,按一定的逻辑关系进行运算,并把运算结果以某种形式输出。

PLC 的 I/O 部分,因用户的需求不同有各种不同的组合方式,通常以模块的形式供应,一般可分为:

① 开关量 I/O 模块　　② 模拟量 I/O 模块
③ 高速计数模块　　　④ 中断控制模块
⑤ 精确定时模块　　　⑥ 快速响应模块
⑦ PID 模块　　　　　⑧ 通信模块

⑨位置控制模块 ⑩轴向定位模块

⑪数字量 I/O 模块（包括 TTL 电平 I/O 模块、拨码开关输入模块、LED/LCD/CRT 显示控制模块、打印机控制模块）

1）开关量 I/O 模块

开关量输入模块的作用是接收现场设备的状态信号、控制命令等，如限位开关、操作按钮等，并且将此开关量信号转换成 CPU 能接收和处理的数字量信号。

开关量输出模块的作用是将经过 CPU 处理过的结果转换成开关量信号送到被控设备的控制回路去，以驱动阀门执行器、电动机的启动器和灯光显示等设备。

开关量 I/O 模块（部分）的信号仅有通、断两种状态，每个模块可能有 4、8、12、16、24、32、64 点，外部引线连接在模块面板的接线端子上，各 I/O 点的通/断状态用发光二极管在面板上显示。输入电压等级通常有 DC（5V、12V、24V、48V）或 AC（24V、120V、220V）等。

（1）开关量输入模块

按与外部接线对电源的要求不同，开关量输入模块可分为 AC 220V 输入，DC 24V 输入，无源接点输入等几种形式，参见图 2-3。每个输入点均有滤波网络、LED 显示器、光电隔离管。

从图 2-3（c）中可以看出无源接点输入是开关触点直接接在公共点和输入端，不另外接电源，电源由内部电路提供（公共点有 ⊕、⊖ 之分，图 2-3（c）中为 com，⊖）。

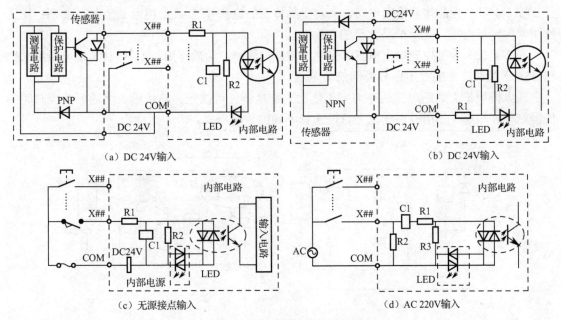

图 2-3 开关量输入模块的几种形式

输入模块的主要技术指标有：

① 输入电压：指 PLC 外接电源的电压值。

② 输入点数：指输入模块开关量输入的个数。

③ AC 频率：指输入电压的工作频率，一般为 50～60Hz。

④ 输入电流：指开关闭合时，流入模块内的电流，一般为 5～10mA。

⑤ 输入阻抗：指输入电路的等效阻抗。

⑥ ON 电压：指逻辑"1"之电压值，开关接通时为"1"。

⑦ OFF 电压：指逻辑"0"之电压值，开关断开时为"0"。

⑧ OFF→ON 的响应时间，指开关由断到通时，导致内部逻辑电路由"0"到"1"的变化时间。

⑨ ON→OFF 的响应时间，指开关由通到断时，导致内部逻辑电路由"1"到"0"的变化时间。

⑩ 内部功耗：指整个模块所消耗的最大功率。

（2）开关量输出模块

开关量输出通常有 3 种形式：

① 继电器输出；

② 晶体管输出；

③ 可控硅输出。

每个输出点均有 LED 发光管、隔离元件（光电管/继电器）、功率驱动元件和输出保护电路，见图 2-4。

图 2-4（a）为继电器输出电路，继电器同时起隔离和功放的作用；与触点并联的 R、C 和压敏电阻在触点断开时起消弧作用。

图 2-4（b）为晶体管输出电路，大功率晶体管的饱和导通/截止相当于触点的通/断；稳压管用来抑制过电压，起保护晶体管的作用。

图 2-4（c）为可控硅输出电路，光电可控硅起隔离、功放作用；R、C 和压敏电阻用来抑制 SSR 关断时产生的过电压和外部浪涌电流。

输出模块最大通断电流的能力大小依次为继电器、可控硅、晶体管。而通断响应时间的快慢则刚好相反。使用时应据以上特性选择不同的输出形式。

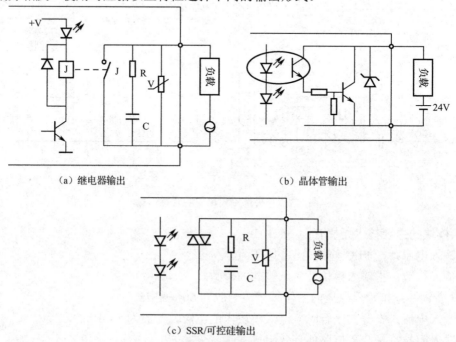

图 2-4 开关量输出模块的几种形式

输出模块的主要技术指标有：

① 工作电压：指输出触点所能承受的外部负载电压。

② 最大通断能力：指输出触点在一定的电压下，能通过的最大电流，一般给出的电压等级有 AC 110V、AC 220V、AC/DC 24V。

③ 漏电流：指当输出点断开时（逻辑"0"），触点所流过的最大电流。此参数主要针对晶体管、可控硅型输出模块，无保护电路的继电器输出模块漏电流为 0，有保护电路的继电器输出模块为 1~2mA。

④ 接通压降：指当输出点接通时（逻辑"1"），触点两端的压降。

⑤ 回路数：等于公共点的个数。对于独立式模块，应等于输出点数。

⑥ OFF→ON 响应时间、ON→OFF 响应时间、内部功耗。这三项同输入模块。

2）数字量 I/O 模块

常用的有 TTL 电平 I/O 模块、拨码开关输入模块、LED/LCD/CRT 显示控制模块、打印机控制模块等。

TTL 电平 I/O 模块是将外围设备输入的 TTL 电平数据进行处理，或将处理的结果以 TTL 电平形式输出给外围设备进行控制、执行。

拨码开关输入模块是 TTL 电平输入，专用于 BCD 拨码开关的输入模块，用来输入若干组拨码开关的 BCD 码，有若干个输入地址选择信号输出，某位（十进制）选择信号有效时，读入相应位的 BCD 码信息。

LED/LCD/CRT 显示控制模块是 TTL 电平输出，专用于 LED/LCD/CRT 等显示设备的输入模块，有相应的控制信号输入/输出，能直接驱动 LED 数码管、液晶显示器、CRT 显示器等。

打印机控制模块是专用于通用打印机的接口模块，是 TTL 电平的并行接口，除并行输出的数据信息外还有相应的 I/O 控制信号（有的 PLC 采用串行接口或编程器上的接口与打印机连接）。

3）高速计数模块

高速计数模块是工控中最常用的智能模块之一，过程控制中有些脉冲变量（如旋转编码器、数字码盘、电子开关等输出的信号）的变化速度很高（可达几十 kHz、几 MHz），已小于 PLC 的扫描周期，对这类脉冲信号若用程序中的计数器计数，因受扫描周期的限制，会丢失部分脉冲信号。因此使用智能的高速计数模块，可使计数过程脱离 PLC 而独立工作，这一过程与 PLC 的扫描过程无关，可准确计数。PLC 可通过程序对它设定计数预置值，并可控制计数过程的启、停。计数器的当前值等于、大于预置值时，均有开关量输出给 PLC，PLC 得到此信号后便可进行相应的控制。

4）精确定时模块

精确定时模块是智能模块，能脱离 PLC 进行精确的定时，定时时间到后会给出信号让 PLC 检测。例如，OMRON 的模拟定时单元 C200H-TM001 提供 4 个精确定时器，可通过 DIP 开关设定成 0.1~1s、1~10s、10~60s、1~10ms，定时值可通过内/外可调电阻进行设定。

5）快速响应模块

PLC 的输入/输出量之间存在着因扫描工作方式而引起的延迟，最大延迟时间可达 2 个扫描周期，这使 PLC 对很窄的输入脉冲难以监控。快速响应模块则可检测到窄脉冲，它的输出与 PLC 的扫描工作无关，而由输入信号直接控制，同时它的输出还受用户程序的控制。

6）中断控制模块

它适用于要求快速响应的控制系统，接收到中断信号后，暂停正在运行的 PLC 用户程序，运行相应的中断子程序，执行完后再返回来继续运行用户程序。

7）PID 调节模块

过程控制常采用 PID 控制方式，PID 调节模块是一种智能模块，它可脱离 PLC 独立执行 PID 调节功能，实际上可看成 1 台或多台 PID 调节器，P、I、D 参数可调。通常的输入信号种类是：①直流电压（0～10V/1～5V），②直流电流（0～10mA/4～20mA），③热电偶/热电阻，④脉冲/频率以及有控制作用的开关量 I/O。

8）位置控制模块

位置控制模块是用来控制物体的位置、速度、加速度的智能模块，可以控制直线运动（单轴）、平面运动（双轴）、甚至更复杂的运动（多轴）。

位置控制一般采用闭环控制，常用的驱动装置是直流或交流伺服电机或步进电机，模块从参数传感器得到当前物体所处的位置、速度/加速度，并与设定值进行比较，比较的结果再用来控制驱动装置，使物体快进、慢进、快退、慢退、加速、减速、停止等，实现定位控制。

9）轴向定位模块

轴向定位模块能准确地检测出高速旋转转轴的角度位置，并根据不同的角度位置控制开关 ON/OFF（可以多个开关）。轴向定位模块实质上很像一种机械凸轮，共有多个凸轮盘，每轮可多至 360 齿。

10）通信模块

通信模块大多是带 CPU 的智能模块，用来实现 PLC 与上位机、下位机或同级的其他智能控制设备通信，常用通信接口标准有 RS-232C、RS422、RS-485、ProfiBus、以太网等。

2.1.3　可编程控制器的性能指标及分类

1. PLC 的主要性能指标

① I/O 点数：衡量 PLC 性能的主要指标之一，统计 PLC 面板上的输入、输出端子的个数之和。PLC 的 I/O 点数一般包括主机 I/O 点数和扩展单元 I/O 点数。

② 程序容量：程序容量指的是用户程序存储器的容量。常用的用户存储器形式有 EPROM、E2ROM、带掉电保护的 RAM 等。许多用户用掉电保护的 RAM 作用户程序存储器，一旦电源停电，靠后备电池/电容可以保存 RAM 中的程序数年/数十天，只要做到停电时间不超过这期限即可。

③ 扫描速度：指执行程序的速度。PLC 用户手册一般给出执行各条指令所用的时间，可以通过比较各种 PLC 执行相同操作所用的时间来衡量扫描速度的快慢。

④ 指令条数：编程指令种类及条数越多，功能越强。

⑤ 内部器件的种类和数量：内部器件包括各种继电器、计数器、定时器、数据存储器等。

⑥ 扩展能力：包括 I/O 扩展及各种功能模块的功能扩展。

⑦ I/O 刷新：PLC 先将上一次扫描的执行结果送到输出端，再读取当前输入的状态，也就是将存放输入/输出状态的寄存器内容进行一次更新，故称为"I/O 刷新"。

由于每一个扫描周期只进行一次 I/O 刷新,即每一个扫描周期,PLC 只对输入/输出状态寄存器更新一次,故使系统存在输入/输出滞后现象,这在一定程度上降低了系统的响应速度。由此可见,若输入变量在 I/O 刷新期间状态发生变化,则本次扫描期间输出会相应地发生变化。反之,若在本次刷新之后输入变量才发生变化,则本次扫描输出不变,而要到下一次扫描的 I/O 刷新期间输出才会发生变化。由于 PLC 采用循环扫描的工作方式,所以它的输出对输入的响应速度要受扫描周期的影响。

2. PLC 产品种类

对 PLC 的分类,通常根据其结构形式的不同、功能的差异和 I/O 点数的多少等进行大致分类。

1) 按结构形式分类

根据 PLC 的结构形式,可将 PLC 分为整体式和模块式两类。

(1) 整体式 PLC

整体式 PLC 是将电源、CPU、I/O 接口等部件都集中装在一个机箱内,具有结构紧凑、体积小、价格低的特点。小型 PLC 一般采用这种整体式结构。整体式 PLC 由不同 I/O 点数的基本单元(又称主机)和扩展单元组成。基本单元内有 CPU、I/O 接口、与 I/O 扩展单元相连的扩展口,以及与编程器或 EPROM 写入器相连的接口等。扩展单元内只有 I/O 和电源等,没有 CPU。基本单元和扩展单元之间一般用扁平电缆连接。整体式 PLC 一般还可配备特殊功能单元,如模拟量单元、位置控制单元等,使其功能得以扩展。

(2) 模块式 PLC

模块式 PLC 是将 PLC 各组成部分,分别做成若干个单独的模块,如 CPU 模块、I/O 模块、电源模块(有的含在 CPU 模块中)以及各种功能模块。模块式 PLC 由框架或基板和各种模块组成。模块装在框架或基板的插座上。这种模块式 PLC 的特点是配置灵活,可根据需要选配不同规模的系统,而且装配方便,便于扩展和维修。大、中型 PLC 一般采用模块式结构。

还有一些 PLC 将整体式和模块式的特点结合起来,构成所谓的叠装式 PLC。叠装式 PLC 的 CPU、电源、I/O 接口等也是各自独立的模块,但它们之间是靠电缆进行连接的,并且各模块可以一层层地叠装。这样,不但系统可以灵活配置,还可做得体积小巧。

2) 按功能分类

根据 PLC 所具有的功能不同,可将 PLC 分为低档、中档、高档三类。

① 低档 PLC:具有逻辑运算、定时、计数、移位以及自诊断、监控等基本功能,还可有少量模拟量输入/输出、算术运算、数据传送和比较、通信等功能。主要用于逻辑控制、顺序控制或少量模拟量控制的单机控制系统。

② 中档 PLC:除具有低档 PLC 的功能外,还具有较强的模拟量输入/输出、算术运算、数据传送和比较、数制转换、远程 I/O、子程序、通信联网等功能。有些还可增设中断控制、PID 控制等功能,适用于复杂控制系统。

③ 高档 PLC:除具有中档机的功能外,还增加了带符号算术运算、矩阵运算、位逻辑运算、平方根运算及其他特殊功能函数的运算、制表及表格传送功能等。高档 PLC 具有更强的通信联网功能,可用于大规模过程控制或构成分布式网络控制系统,实现工厂自动化。

3）按 I/O 点数分类

根据 PLC I/O 点数的多少，可将 PLC 分为小型、中型和大型三类。

① 小型 PLC：I/O 点数为 256 点以下的为小型 PLC。其中，I/O 点数小于 64 点的为超小型或微型 PLC。

② 中型 PLC：I/O 点数为 256 点以上、2048 点以下的为中型 PLC。

③ 大型 PLC：I/O 点数为 2048 以上的为大型 PLC。其中，I/O 点数超过 8192 点的为超大型 PLC。

在实际中，一般 PLC 功能的强弱与其 I/O 点数的多少是相互关联的，即 PLC 的功能越强，其可配置的 I/O 点数越多。因此，通常我们所说的小型、中型、大型 PLC，除指其 I/O 点数不同外，同时也表示其对应功能为低档、中档、高档。

可编程控制器的发展趋势是结构微型化、模块化；功能全面化、标准化；产品系列化；大容量化、高速化；模块化、模块智能化；通信化、网络化；编程语言化；增强外部故障检测能力。

2.1.4 PLC 的工作过程

PLC 大多采用成批输入/输出的周期扫描方式工作，按用户程序的先后次序逐条运行。一个完整的周期可分为三个阶段，如图 2-5 所示。

（1）输入刷新阶段

程序开始时，监控程序使机器以扫描方式逐个输入所有输入端口上的信号，并依次存入对应的输入映像寄存器。

（2）程序处理阶段

所有的输入端口采样结束后，即开始进行逻辑运算处理，根据用户输入的控制程序，从第一条开始，逐条加以执行，并将相应的逻辑运行结果，存入对应的中间元件和输出元件映像寄存器，当最后一条控制程序执行完毕后，即转入输出刷新处理。

（3）输出刷新阶段

将输出元件映像寄存器的内容，从第一个输出端口开始，到最后一个结束，依次读入对应的输出锁存器，从而驱动输出器件形成可编程的实际输出。

一般地，PLC 的一个扫描周期约 10ms 或更短，另外，可编程控制器的输入/输出还有响应滞后（输入滤波约 10ms），继电器机械滞后约 10ms，所以，一个信号从输入到实际输出，大约有 10～30ms 的滞后。

输入信号的有效宽度应大于 1 个周期+10ms。

2.1.5 PLC 控制系统与电气控制系统的区别

PLC 控制系统与电气控制系统相比，有许多相似之处，也有许多不同。不同之处主要在以下几个方面：

（1）从控制方法上看，电气控制系统控制逻辑采用硬件接线，利用继电器机械触点的串联或并联等组合成控制逻辑，其连线多且复杂、体积大、功耗大，系统构成后，想再改变或增加功能较为困难。另外，继电器的触点数量有限，所以电气控制系统的灵活性和扩展性受到很大限制。而 PLC 采用了计算机技术，其控制逻辑以程序的方式存放在存储器中，要改变控制逻辑只需改变程序，因而很容易改变或增加系统功能。系统连线少、体积小、功耗小，而且 PLC 所谓的"软继电器"实质上是存储器单元的状态，所以"软继电器"的触点数量是无限的，PLC 系统的灵活性和扩展性好。

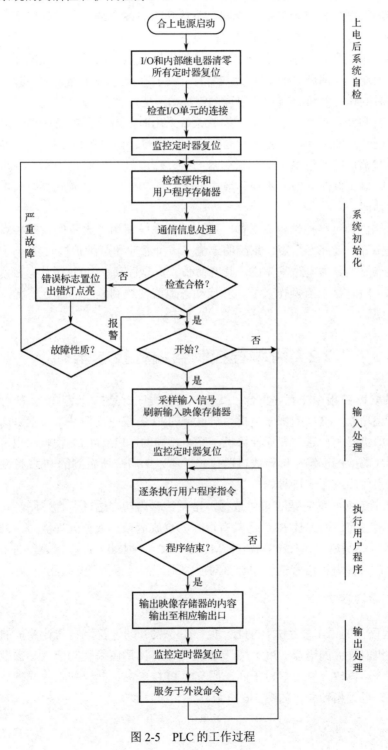

图 2-5　PLC 的工作过程

（2）从工作方式上看，在继电器控制电路中，当电源接通时，电路中所有继电器都处于受制约状态，即该吸合的继电器都同时吸合，不该吸合的继电器受某种条件限制而不能吸合，这种工作方式称为并行工作方式。而 PLC 的用户程序是按一定顺序循环执行的，所以各软继电器都处于周期性循环扫描接通中，受同一条件制约的各个继电器的动作次序决定于程序扫描顺序，这种工作方式称为串行工作方式。

（3）从控制速度上看，继电器控制系统依靠机械触点的动作以实现控制，工作频率低，机械触点还会出现抖动问题。而 PLC 通过程序指令控制半导体电路来实现控制，其速度快，程序指令执行时间在微秒级，且不会出现触点抖动问题。

（4）从定时和计数控制上看，电气控制系统采用时间继电器的延时动作进行时间控制，时间继电器的延时时间易受环境温度和温度变化的影响，定时精度不高。而 PLC 采用半导体集成电路作定时器，时钟脉冲由晶体振荡器产生，精度高，定时范围宽，用户可根据需要在程序中设定定时值，修改方便，不受环境的影响，且 PLC 具有计数功能，而电气控制系统一般不具备计数功能。

（5）从可靠性和可维护性上看，由于电气控制系统使用了大量的机械触点，其存在机械磨损、电弧烧伤等，因此寿命短，系统的连线多，可靠性和可维护性较差。而 PLC 大量的开关动作由无触点的半导体电路来完成，其寿命长、可靠性高，PLC 还具有自诊断功能，能查出自身的故障，随时显示给操作人员，并能动态地监视控制程序的执行情况，为现场调试和维护提供了方便。

2.2　可编程控制器编程技术基础

PLC 程序是 PLC 指令的有序集合。PLC 的运行程序就是按一定顺序，执行集合中一条条指令，得以实现功能，这里的程序是指用户设计的 PLC 程序。但从本质上讲，指令只是一些二进制代码，即机器码。这与普通计算机是完全相同的。PLC 的编程软件也有编译系统，它可把一些文字代码或图形符号编译成机器代码。所以，用户所看到的 PLC 指令一般不是机器代码，而是文字代码或图形符号。

PLC 一般具有多种编程语言可供选择，常见的有语句表达式、梯形图、功能表图、顺序功能图、高级语言等。而现代 PLC 已具有很强的数值运算、数据处理能力，为方便用户，许多 PLC 都配备了高级语言，如 PSM、PL/M、BASIC、Pascal、C 语言等。通常，同一公司的 PLC 编程产品，几种编程语言的程序都有对应关系，都可很方便地相互转换。

2.2.1　PLC 编程语言

PLC 编程语言的语句表达式（STL）也称指令表、助记符，它与计算机的汇编语言很相似，属于面向机器硬件的语言。PLC 简易编程器没有梯形图编程功能，必须把梯形图翻译成语句表达式指令后再输入 PLC。对于同一厂家的 PLC 产品，其语句表达式指令与梯形图语言是相互对应的，可互相转换，如图 2-6 所示。

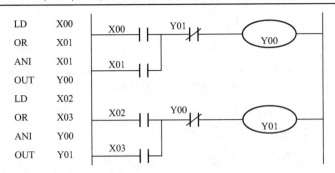

图 2-6 语句表达式与梯形图示例

这里要说明的是不同厂家所使用的语句表达式指令各不相同，因此同一梯形图写成的语句表达式指令也不相同。用户在将梯形图转换为语句表达式指令时，必须先弄清其型号及内部各器件的编号、使用范围和每一条语句表达式指令的使用方法。语句表达式常用于手持编程器中，其显示屏幕小，不便输入和显示梯形图。而梯形图语言则多用于计算机编程环境中。

语句表达式是用若干个容易记忆的字符来代表 PLC 的某种操作功能的。各 PLC 生产厂家使用的语句表达式不尽相同，表 2.1 列出了 4 种 PLC 的常见指令符号。

表 2.1 PLC 常见指令符号

功能或逻辑运算		OMRON 系列	三菱系列	西门子 STEP7	GE-1
起点	常开触点	LD	LD	A	STR
	常闭触点	LDNOT	LDI	AN	STRNOT
与		AND	AND	A	AND
与非		ANDNOT	ANI	AN	ANDNOT
或		OR	OR	O	OR
或非		ORNOT	ORI	ON	ORNOT
输出		OUT	OUT	=	OUT
与括弧		ANDLD	ANB	A（）	ANDSTR
或括弧		ORLD	ORB	O（）	ORSTR
主控		ILC	MC	MCRA	MCS
取消主控		ILC	MCK	MCRD	MCR

2.2.2 梯形图（Ladder Diagram）

梯形图语言源自继电器电气原理图，是一种基于梯级的图形符号布尔语言。前面曾讲过，它在形式上沿袭了传统的继电接触器控制图，与继电器逻辑图的设计思想是一致的，并且与控制原理图非常相似，通过连线，表达所调用的 PLC 指令及其前后顺序关系。它是目前用得最多的 PLC 编程语言，也是 PLC 的主要编程语言。

梯形图，作为一种图形语言，它将 PLC 内部的编程元件，也称为"软元件"（如 I 点、O 点、线圈、内部辅助继电器、定时器、计数器等）和各种具有特定功能的命令用专用图形符号、标号定义，并按框架结构、逻辑要求及串并联等连接规律组合和排列，从而构成了表示 PLC 输入、输出之间控制关系的图形。靠硬件接线组成逻辑运算的继电器控制线路是无法与之相比的。

梯形图将微机的特点结合进去，使用的是梯形图指令编程，要用图形编程器（或带有图形编程功能的简易编程器）或个人计算机，并配置相应的编程软件，使编程比较形象、直观实用、可读性强，并且加进了许多功能强而又使用灵活的指令，所实现的功能也大大超过传统的继电接触器控制电路，所以很受用户欢迎。

下面介绍梯形图中的相关概念、符号及绘制规则。

1. 概念

（1）母线：梯形图的两侧有垂直的公共母线，母线之间是触点和线圈，用短线连接。

（2）触点：PLC 内部的输入/输出继电器、辅助继电器、特殊功能继电器、定时器、计数器、移位寄存等的常开/常闭触点，都用表 2.2 所示的符号表示。

与传统的电气控制图一样，每个继电器和相应的触点都有唯一的地址标号，通常用字母数字串或 I/O 地址标注。触点实质上是存储器中的某 1 位，这种触点在 PLC 程序中可被无限次地引用。触点放置在梯形图的左侧。

（3）继电器线圈：对 PLC 内部存储器中的某一位写操作时，这一位便是继电器线圈，通常用字母数字串、输出点地址、存储器地址等标注，用表 2.2 中的符号表示。

表 2.2 触点、线圈的符号

俗称名称	符 号	说 明
常开触点	─┤├─	1 为触点"接通"，0 为触点"断开"
常闭触点	─┤/├─	1 为触点"断开"，0 为触点"接通"
继电器线圈	─○─	1 为线圈"得电"激励，0 为线圈"失电"不激励

线圈一般有输出继电器线圈、辅助继电器线圈。它们不是物理实体，而仅是存储器中的 1 bit，是"软继电器"。该位状态为"1"时，对应的继电器线圈接通，其常开触点闭合，常闭触点断开；状态为"0"时，对应的继电器线圈不通，其常开/常闭触点保持原态。继电器线圈放置在梯形图的右侧。

另外一些特殊运算和数据处理的指令，也被当作是一些特殊的输出元件，常用类似于输出线圈的方括号加上一些特定符号来表示，以其前面的逻辑运算作为其触发条件。

在梯形图中，线圈左边触点的逻辑组合代表线圈输出的条件，线圈代表输出。如果在同一程序中同一元件的线圈使用两次或多次，按照 PLC 程序顺序扫描执行的原则，前面的输出无效，最后一次输出才是有效的。但该继电器的触点在程序中的其他地方则可以无限次引用，既可常开，也可常闭。

（4）能流：能流是梯形图中假想的"概念电流"，从左向右流动，这一方向与执行用户程序时逻辑运算的顺序是一致的，与原有继电器逻辑控制技术相一致。能流只能从左向右流动。利用"电流"这个概念可帮助我们更好地理解和分析梯形图。假想在梯形图左右两侧的垂直母线加上 DC 电源的正、负极，"概念电流"从左向右流动，反之不行。

2. 绘图规则

（1）梯形图的各种符号，要以左母线为起点，右母线为终点（有时可以省略右母线），从左向右分行绘出。

（2）触点应画在水平线上，不能画在垂直分支线上。

（3）每个梯形图由多层逻辑方程组成，每层逻辑方程起始于左母线，经过触点的各种连接，最后通过线圈或其他输出元件，终止于右母线。触点可以任意串、并联，但输出线圈只能并联，不能串联。

（4）梯形图中的"输入触点"仅受外部信号控制，而不能由内部继电器的线圈将其接通或断开。所以在梯形图中只能出现"输入触点"，而不可能出现"输入继电器的线圈"。

（5）梯形图的书写顺序是自左至右、自上至下的，CPU也按此顺序执行程序。程序结束时应有结束指令。

（6）几个串联回路并联时，应该将串联触点多的回路写在上方；几个并联回路串联时，应该将并联触点多的回路写在左方。

梯形图网络可由多个支路组成，每个支路可容纳多个编程元件。每个网络允许的支路条数、每条支路容纳的元件的个数，各 PLC 限制不一样。如 OMRON 系列 PLC 的限制是：每个网络最多允许 16 条支路，每条支路能容纳的元件个数最多为 11 个。

2.2.3 顺序功能图

顺序功能流程图，是一种位于前述 3 种编程语言之上的通用技术图形语言。这种语言是在 20 世纪 70 年代末由法国科技人员根据 Petri 网理论提出的，主要解决较复杂的控制系统用梯形图作程序设计常存在的问题：①设计方法很难掌握且设计周期长；②装置投运后维护、修改困难。有资料称使用顺序功能流程图可以使设计时间减少 2/3。

所谓顺序控制，就是按照生产工艺所要求的动作规律，在各个输入信号的作用下，根据内部的状态和时间顺序，使生产过程的各个执行机构自动地、有秩序地进行操作。

顺序功能流程图则是一种功能说明语言，为顺序控制而设计的，并不涉及控制功能的具体技术，是一种可用于进一步设计和不同专业的技术人员之间进行技术交流，用来编制较为复杂的顺序控制程序。

根据操作系统的不同，其名称也各不同，有的称为 GRAFCET，有的称为 SFC 等，但其完成的功能大同小异。这种设计方法很容易被初学者接受，用它来为顺序控制设计程序比直接用操作指令编程更简单，可以省去许多烦琐的逻辑判断和调用操作等。顺序功能流程图已先后成为法国、德国的国家标准，IEC 也公布了类似的标准（IEC60848：2002）。我国也颁布了功能表图的国标（GB/T 21654—2008）。

顺序功能流程图的主要元素有三个："步"、"转换"、"路径"，图 2-7 给出了一个较为典型的顺序功能流程图的基本结构。

步：步是顺序功能流程图中最基本的组成部分，通常用编程元件（辅助继电器 M 或状态器 S）来代表各步。它包括在某种顺序条件下为完成相应的控制功能而设计的独立的控制程序或程序段，实际上相当于一个状态，在一个状态下与控制部分的 I/O 有关的系统行为全部或局部地维持不变，如 S1、S2、S3。起始和结束是两个特

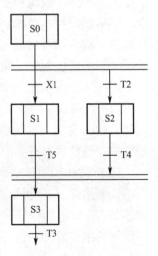

图 2-7 步进指令梯形图

殊的步，它们标志着一个顺序控制过程的开始与结束，以及顺序控制过程的自动循环的起点和终点，如 S0 为起始步。

步在顺序控制流程图中一般用单线方框表示。

转换：在 SFC 中，会发生步的活动状态转换，按照有向连线规定的线路进行，是某一步的操作完成后启动下一步的条件。转换有"使能转换"和"非使能转换"。如果通过有向连线连接到转换符号的前一级步是活动步，该转换为"使能转换"，否则该转换为"非使能转换"。当转化条件满足时，上一步即被封锁，下一步被激活，转向下一步执行新的控制程序，转换实现。条件不满足则继续执行上一步的功能，如 T2、T3、T4、T5、X1。

转换条件可以是外部输入信号，如按钮、指令开关、限位开关的接通/断开等，也可以是 PLC 内部产生的信号，如定时器、计数器触点的接通/断开等，还可以是若干个信号的与、或、非逻辑组合。

路径：路径表示了各功能步序之间的连接顺序关系，包括选择路径和并行路径。选择路径之间的关系是逻辑"或"的关系，哪条路径的转换条件最先得到满足，这条路径就被选中，程序就按这条路径向下执行。选择路径的分支与合并一般用单横线表示。并行路径之间的关系是逻辑"与"关系，只要转换条件得到满足，其下面的所有路径必须同时都被执行。并行路径的分支与合并一般用双横线表示。两个步不能用直线连接，必须用一个转换间隔开；两个转换不能直接相连，必须用一个步间隔开。

按结构的不同，顺序功能流程图（SFC）可分为以下几种主要形式：单序列控制、并行序列控制、分支结构序列、转移序列和起始步及结束步。表面上看，顺序功能流程图与梯形图中的步进指令有些类似，但前者的内涵要丰富得多。

可编程控制器对顺序功能流程图的扫描按照从上至下、从左至右的原则，首先从起始步开始向下执行，遇到选择路径就转换条件去执行相应路径上的步，遇到并行路径就首先执行最左边的路径，然后依次向右执行，直至完成全部并行路径，再向下执行。当执行到结束步时，如果没有其他转向，就返回执行起始步，依次循环。直至结束步的转换为真时，顺序控制才结束。

利用顺序功能流程图进行程序设计时，首先要根据工艺过程对各步、转换及路径进行定义，然后根据控制要求，运用操作指令对各步和转换进行编程。每个步中的程序段没有什么特殊点，按一般方法进行即可。要注意的是，转换的实现时间和步的激活时间从理论上说任意短，但不可能为零，实际上取决于系统所采用的技术。

顺序功能表图在 PLC 编程过程中有 2 种用法：

（1）直接根据功能表图的原理设计 PLC 程序，编程主要通过 CRT 终端，直接使用功能表图输入控制要求，这种 PLC 的工作原理已不像小型机那样，程序从头到尾循环扫描，而只扫描那些与当前状态有关的条件，从而大大减少了扫描时间，提高了 PLC 的运行速度。

（2）用顺序功能表图描述 PLC 所要完成的控制功能（即作为工艺说明语言使用），然后再据此利用具有一定规则的技巧画出梯形图。这种用法，因为有功能表图易学易懂、描述简单清楚、设计时间少等优点，因此成为用梯形图设计程序的一种前置手段，是当前 PLC 梯形图设计的主要方法，也是一种先进的设计方法。

2.2.4 结构化文本（Structured Text）

结构化文本（ST）是为 IEC61131-3 标准创建的一种专用的高级编程语言。与梯形图相比，它实现复杂的数学运算，编写的程序非常简洁和紧凑。这种语言适合于处理复杂的逻辑和大量的数学运算。

在西门子 PLC 中使用 STEP7 的 S7-SCL 结构化控制语言，编程结构和 Delphi、Pascal 的高级语言相似，特别适合于习惯使用高级语言编程的人。由于其具有高级语言的编程结构，因此和 S7 的 STL 语句表编程方式比较起来有着更加方便的控制方式，可以这样说，只要是必须使用语句表的地方，我们均可以考虑使用 SCL。也许 STL 在执行时比 SCL 更加高效，但事实上也不一定。首先 SCL 可以编译成 STL，同时 SCL 设计时可以优化编程，而 STL 若运用不当，可能还会降低效率。当然在目前的 PLC 上，效率对于我们来说已是次要的，我们更关心的是编程结构。就像在 PC 上，舍弃了汇编语言，而主要采用 C/C++ 等高级语言。总体来说，SCL 适合于编写标准功能块，由于在维护中，它和 STL 一样，这些标准功能块都应该有文档说明，以便用户了解其功能。

2.3 PLC 编程步骤与技巧

（1）弄清工艺

系统配置要弄清工艺，按工艺要求进行。程序编制则更应如此。

弄清工艺，首先要弄清使用 PLC 的目的，要用到 PLC 的哪些功能。其次，要弄清两方面情况：一方面为输入/输出部件的特性与分布，即系统的空间情况；另一方面为系统工艺过程，即系统的进程情况。

① 空间情况。弄清各输入部件的性能、特点，并分配相应的输入点与其连接。分配时，既要考虑布线简单，还要避免信号受外界干扰。弄清各输出部件的性能、特点，分配相应的输出点与其接线。如可能，接输出部件的模块最好能与输入部件的模块适当隔开，以避免输出信号对输入的干扰。此外，还要考虑在编程时地址使用的方便性。弄清了这些，才便于合理地对其分配 I/O 地址。

② 进程情况。弄清被控对象的工作要求、工艺过程及各种关系。弄清其工艺过程，看它是怎么开始的、怎么展开的、怎么终止的，弄清输出与输入的对应关系。如果存在时序关系，两者的时序是怎么对应的；弄清要采集、存储、传送哪些数据；弄清有哪些互锁、连锁关系；有哪些特殊要求……弄清这些问题才能着手设计算法，也才能进一步进行程序设计。

（2）硬件设定

为了 PLC 能按要求工作，在使用 PLC 之前，要对 PLC 的硬件作必要的设定，如设定特殊模块的机号、设定扩展指令功能号、PLC 上电时的工作模式（是运行、监控还是编程）等。

有的厂家的 PLC 还可对其内部器件（如要使用多少定时器、计数器等）进行分配或指定。PLC 出厂时，厂家多有其默认设定。但对较复杂的系统，用户必须有合乎自己情况的设定。一般来说，硬件设定必须在开始编程之前进行。

（3）分配 I/O

分配 I/O 指的是，给每一 I/O 模块、每一输入/输出点分配地址。这是编程必须进行的步骤。

PLC 的 I/O 点在模块上或在箱体的地址是固定的，在模块或箱体上都有相应的地址标记。而模块与箱体的地址（通道号）是按一定规律分配的。只是不同厂家、不同型号的 PLC，有不同的规律。常见的规律有：固定分配、定位分配、顺序分配及设定分配。固定分配是固定地分配通道地址，如 OMRON 公司的小型机就是固定分配，其主机的通道地址与主机的点数有关。扩展箱体的通道地址则依据扩展模块叠加数目确定，地址通道号依次增加。定位分配是按模块所在的机架及其在机架上的位置分配其通道地址。模块位置定了，其通道地址也就确定了。

（4）编写程序

首先考虑程序的组织，可按功能把程序先划分成若干模块，分模块编程，然后再给予合成。按模块编程便于移植一些已用过的程序，而且也便于调试。

其次，分块设计算法。算法确定后，其思路可用框图或一些自然语言表达，算法是在对工艺进程的分析中形成的，是编写程序的基础与准备。

最后，按模块逐一编写指令。要逐条编写指令，若为梯形图编程，则对应每个图形符号编写指令或编制梯形图，最终要形成一个指令集，或一个完整的梯形图。

（5）调试程序

编写 PLC 程序是很细致的工作，差错总是难免的。而任何一点差错，即使是一点，都可能导致 PLC 工作出现故障。所以，编写程序后，还要进行调试，纠正种种差错。

调试程序可通过计算机仿真进行。多数公司都有相应的仿真软件，可运行在其软件平台上对所编的程序作仿真调试。

多数的程序调试是把程序送入 PLC，在 PLC 试运行（输入/输出不接传感器及执行机构）时作调试，这也叫在线调试。

在线调试可使用简易编程器，先把程序送入 PLC，然后分模块或分指令一步一步调试。经在线调试的程序，还要在现场联机调试。只有经联机调试合乎要求的程序，才是合格的、可交付用户使用的程序。

（6）程序存储及定型

把程序录入计算机后，就要作存储，甚至开始编程时，编一部分就要存储一部分，随着程序调试通过及试运行过程的不断完善，还要不时地存储。存储时，一般只留下后来的，删去过去的。程序不仅存于 PLC 的 RAM 中，也可存入存储卡中。

经试行后的程序可作定型。办法是把它固化，写入存储器。其中程序保护可以采用硬件开关设置保护程序，也可用软件设定保护。程序加密可以保证程序不被删除或修改，但其他人可读它、重用它。为保护知识产权，可以对程序加密。

除了程序保护、加密，还可以对程序加锁。即使 PLC 程序正常运行，但也不产生控制输出。加锁可以用 PLC 的输出禁止位实现，也可以自编一段程序，使相应的输出禁止。

2.4 FX 系列 PLC 简介

FX 系列 PLC 是继 F1、F2 系列之后，三菱公司新推出的小型（超小型）机，主要有 FXOS、FXON、FX2、FX2N、FX2NC 等几种机型。FX 系列 PLC 是整体式结构的 PLC，它的基本单元由电源、CPU、存储器、I/O 器件组成。PLC 的电源和输入形式的组合方式主要有 AC 电源

/DC 输入型、AC 电源/AC 输入型、DC 电源/DC 输入型 3 种。输出方式有继电器输出、晶体管输出、晶闸管输出 3 种。FX 系列 PLC 配有许多扩展单元和扩展模块，这些扩展单元、扩展模块与基本单元连接配合使用，可方便地增加 PLC 的输入点数或输出点数，以改变系统 I/O 点数的比例，满足实际控制要求。FX 系列 PLC 还配有许多特殊单元、特殊模块。这些特殊单元、特殊模块与基本单元连接配合使用后，PLC 可实现模拟控制、定位控制、高速计数、数字通信等功能。FX 系列 PLC 的基本单元可独立工作，构成控制系统；而扩展单元、扩展模块、特殊单元、特殊模块需要与基本单元连接配合使用，不能单独构成系统。每个基本单元最多可以连接 1 个功能扩展板，8 个特殊单元和特殊模块。

2.4.1 FX2N 系列基本单元

FX2N 系列基本单元见表 2.3，特殊功能模块见表 2.4。

表 2.3 FX2N 系列

AC 电源/DC 输入		输入点数（编号）	输出点数	I/O 点数
继电器输出	晶体管输出			
FX2N-128MR-001	FX2N-128MT-001	64	64	128
FX2N-80MR-001	FX2N-80MT-001	40	40	80
FX2N-64MR-001	FX2N-64MT-001	32	32	64
FX2N-48MR-001	FX2N-48MT-001	24	24	48
FX2N-32MR-001	FX2N-32MT-001	16	16	32
FX2N-16MR-001	FX2N-16MT-001	8	8	16

表 2.4 FX2N 系列特殊功能模块

分类	型号	功能	通道数	耗电量/DC5V
模拟量控制模块	FX2N-2AD	模拟量输入 A/D	2	30mA
	FX2N-2DA	模拟量输出 D/A	2	30mA
	FX2N-4AD	模拟量输入 A/D	4	30mA
	FX2N-4DA	模拟量输出 D/A	4	30mA
	FX2N-2LC	温度控制		30mA
	FX2N-4AD-PT	铂金电阻温度输入	4	30mA
	FX2N-4AD-TC	热电偶温度输入	4	30mA
位置控制模块	FX2N-1HC	高速计数	1	90mA
	FX2N-1PG-E	脉冲定位模块 100kHz	1	55mA
	FX2N-20GM	轴位置控制单元	2	
计算机通信模块	FX2N-232IF	RS-232 通信模块	1	40mA
	FX2N-232-BD	RS-232C 通信板		20mA
	FX2N-422-BD	RS-422 通信板		60mA
	FX2N-485-BD	RS-485 通信板		60mA

FX2N 系列 PLC 输入/输出点数与编号见表 2.5。

表 2.5　输入/输出点数与编号

点数	输入点数（编号）	输出点数（编号）
8	X0～X7	Y0～Y7
16	X0～X7、X10～X17	Y0～Y7、Y10～Y17
24	X0～X7、X10～X17、X20～X27	Y0～Y7、Y10～Y17、Y20～Y27
32	X0～X7、X10～X17、X20～X27 X30～X37	Y0～Y7、Y10～Y17、Y20～Y27 Y30～Y37
40	X0～X7、X10～X17、X20～X27 X30～X37、X40～X47	Y0～Y7、Y10～Y17、Y20～Y27 Y30～Y37、Y40～Y47
64	X0～X7、X10～X17、X20～X27、X30～X37 X40～X47、X50～X57、X0～X7、X60～X67	Y0～Y7、Y10～Y17、Y20～Y27、Y30～Y37 Y40～Y47、Y50～Y57、Y0～Y7、Y60～Y67

FX2N 系列 PLC 的软元件有输入继电器[X]、输出继电器[Y]、辅助继电器[M]、状态继电器[S]、定时器[T]、计数器[C]、数据寄存器[D]和指针[P、I、N]八个种类，它们在 PLC 梯形图中的功能各不相同。编程时软元件的类型和元件号由字母和数字表示，其中只有输入/输出继电器的元件号为八进制数；其余软元件的元件号均为十进制数。

1．输入继电器（X0～X267，共 184 点）

PLC 的输入继电器是接收外部输入信号的一种等效表示。输入继电器[X 线圈]是 PLC 用来接收外部输入信号的编程元件，PLC 的输入端子通过光电耦合器将外部信号的状态读入并存储在输入映像寄存器连接，只能由外部信号驱动，而不能由程序指令或其他编程元件驱动，即绝对不能出现输入继电器的线圈。"软"触点（常开触点和常闭触点）只能在用户程序中使用，可多次使用。

2．输出继电器（Y0～Y267，共 184 点）

PLC 的输出继电器是向外部负载输出信号的一种等效表示。输出继电器（Y 线圈）是 PLC 向外部负载输出信号的编程元件，将 PLC 的输出信号传送给输出模块，它仅有一个向外部负载输出的常开"硬"触点（实际接线用的物理触点）连接到 PLC 的输出端子，其触点的接通和断开只能由用户程序执行的结果决定，不能由外部信号直接控制。除此之外，它还有常开和常闭的"软"触点可以在用户程序中多次使用。

3．辅助（中间）继电器（M0～M3071，M8000～M8255，共 3328 点）

PLC 内拥有许多辅助继电器，这些辅助继电器在 PLC 内部只起传递信号的作用，是一种内部的状态标志。它不能通过输出端子接收 PLC 外部的输入信号，也不能直接通过输出端子驱动外部负载，只能在用户程序中使用，但是可以不受限制地使用。辅助继电器有常开和常闭触点供用户编程时使用。其线圈由 PLC 内的各种软元件的触点驱动，相当于继电器控制系统中的中间继电器，地址编号是用十进制数表示的。

辅助继电器分为普通型辅助继电器、停电保持型辅助继电器和特殊型辅助继电器。

（1）普通型辅助继电器。普通型辅助继电器编号为 M0～M499。PLC 运行过程中，电源掉电后，再上电时，普通型辅助继电器的状态不能保持。

(2) 停电保持型辅助继电器。停电保持型辅助继电器编号为 M500~M3071，共 2572 点。PLC 运行过程中，电源掉电后，再上电时，停电保持型辅助继电器能保持停电前的状态。

(3) 特殊辅助继电器。特殊辅助继电器编号为 M8000~M8255。

特殊辅助继电器是指能完成特定功能的辅助继电器。以下仅以几个常用的特殊辅助继电器为例说明其用法，特殊辅助继电器的功能可参阅相关手册。

(a) M8000~M8001：运行监视。PLC 运行时，M8000 为 ON 状态，M8001 为 OFF 状态。

(b) M8011~M8014：内部时钟脉冲。PLC 一上电，M8011~M8014 产生周期分别为 10ms、100ms、1s、60s 的时钟信号。

(c) M8020~M8022：运算结果标志。M8020、M8021、M8022 分别是零标志、借位标志、进位标志。

PLC 运行后，在算术运算中，运算结果为零时，M8020 接通；运算结果有借位时，M8021 接通；运算结果产生进位时，M8022 接通。

(d) M8034：输出禁止。该继电器为 ON 时，禁止所有输出继电器输出。尽管程序在运行，但所有输出继电器的输出仍为 OFF。

4．定时器（T0~T255，共 256 点）

PLC 内拥有许多定时器，提供了许多常开、常闭触点供用户编程时使用，当定时器的线圈被驱动时，定时器以增计数方式对 PLC 内的时钟脉冲（1ms、10ms、100ms）进行累积，当累积时间达到设定值时，其触点动作。

定时器可用常数 K 作为设定值，也可用数据寄存器（D）的内容作为设定值。定时器的地址编号用十进制表示。

① 100ms 普通定时器编号为 T0~T199（其中 T192~T199 定时器用于子程序和中断程序中），计时范围为 0.1~3276.7s；② 10ms 普通定时器编号为 T200~T245，计时范围为 0.01~327.67s；③ 1ms 累计定时器编号为 T246~T249，计时范围为 0.001~32.767s；④ 100ms 累计定时器编号为 T250~T255，计时范围为 0.1~3276.7s。

累计定时器计时值等于设定值时，触点动作。与通用定时器不同，累计定时器不仅有一个输入端（信号驱动输入端），还有一个复位输入端，并且累计定时器断电后仍会保持当时数据，只有复位指令才能使累计定时器清零。

5．计数器（C）

PLC 内拥有许多计数器，计数器提供了许多常开/常闭触点供用户编程时使用。每个计数器有一个设定值寄存器、1 个当前值寄存器和 1 个用来存储输出触点状态的映像寄存器，共用一个编号地址。在 PLC 运行中可以观察和修改计数器的设定值和当前值。

当计数器的线圈被驱动时，计数器以增/减计数方式计数，当计数值达到设定值时，计数器触点动作。计数器可用常数 K 作为设定值，也可用数据寄存器（D）的内容作为设定值，这个设定值等于指定的数据寄存器的数据。

(1) 内部信号计数器

内部信号计数器是对 PLC 的软元件 X、Y、M、S、T、C 等的触点周期性动作进行计数。比如 X000 由 OFF→ON 变化时，计数器计 1 次数，当 X000 再由 OFF→ON 变化 1 次时，计数器再计 1 次数。

(a) 16 位增量计数器

16 位增量计数器的普通型编号为 C0～C99，停电保持型编号为 C100～C199。计数器计数范围是 1～32767（十进制常数），以增量计数方式计数。

16 位增量计数器在计数过程中，切断电源时，普通型计数器的计数当前值被清除，计数器触点状态复位；而停电保持型计数器的计数当前值、触点状态被保持。若 PLC 再通电，停电保持型计数器的计数值从停电前计数当前值开始增计数，触点为停电前状态，直到计数当前值等于设定值。

(b) 32 位双向计数器

32 位双向计数器的普通型地址编号为 C200～C219，停电保持型的地址编号为 C220～C234。计数范围是 -2147483648～+2147483647（十进制常数）。32 位设定值存放在地址号相连的 2 个数据寄存器中。例如指定的数据寄存器为 D0，则设定值存放在 D1 和 D0 中。

32 位双向计数器在计数过程中，工作方式由特殊辅助继电器 M8200～M8234 设定对应计数器 C200～C234 的计数方式是增计数方式还是减计数，特殊辅助继电器为 ON 时，对应的计数器为减计数，反之为增计数。当计数当前值等于设定值时，计数器的触点产生动作，但计数器仍在计数，计数当前值仍在变化，直到执行了复位指令时，计数当前值才为 0。即计数器当前值的增/减与其触点的动作无关。

(2) 高速计数器

高速计数器是 32 位停电保持型双向计数器，它可以对频率为几十赫兹甚至更高的输入信号进行计数。它对特定输入端子（输入继电器 X000～X007）的 OFF→ON 动作进行计数（因为高速脉冲信号只能接入 X000～X007 端）。它采用中断方式进行计数处理，不受 PLC 扫描周期的影响。其计数范围为 -2147483648～+2147483647（十进制常数），地址编号是 C235～C255，最高响应速度为 60kHz。

高速计数器可由程序实现复位或计数开始，也可由中断输入来实现中断复位或计数开始。特定输入端子 X000～X007 不可重复使用，即当某个输入端子被计数器使用后，其他计数器不能再使用该输入端子。工作方式有单相单计数输入、单相双计数输入和双向双计数输入三种，要按照技术手册中地址编号分配的指定要求来使用。

6. 数据寄存器（D、V、Z）

数据寄存器是 PLC 中用来存储数据的软元件，供数据传送、数据比较、数据运算等操作使用。每一个数据寄存器的字长为 16 位（最高位为正/负符号位），两个地址编号相邻的数据寄存器组合可用于处理 32 位数据。程序运行时，只要不对数据寄存器写入新数据，数据寄存器中的内容就不会变化。通常可通过程序的方式或通过外部设备对数据寄存器的内容进行读/写。

普通型数据寄存器 D0～D199：当 PLC 由 RUN→STOP 或断电时，数据被清零。

停电保持型数据寄存器 D200～D7999：当 PLC 由 RUN→STOP 或断电时，数据被保持。其中 D490～D509 主要用于两台 PLC 构成主从站通信使用。D1000 以后的数据寄存器可通过参数设定，以 500 为单位用作文件寄存器，文件寄存器实际上是一种专用数据寄存器，用于存储大量的数据，如采集数据、统计数据、多组控制数据等。不做文件寄存器用时，与通常的停电保持型数据寄存器一样，可用程序与外部设备进行数据的读/写。

特殊型数据寄存器 D8000～D8195：该寄存器是写入特定目的数据或事先写入特定内容的数据寄存器，其内容在电源接通时置初始值。

变址寄存器 V、Z：变址寄存器是字长为 16 位的数据寄存器，与通用数据寄存器一样可进行数据的读/写。把 V 与 Z 组合使用，可用于处理 32 位数据，并规定 Z 为低 16 位。变址寄存器编号为 V0～V7、Z0～Z7。大部分 PLC 软元件可以利用变址寄存器修改地址。

可以利用变址寄存器修改地址的软元件主要有：X、Y、M、S、P、T、C、D、K、H、KnH、KnY、KnM、KNS 等。

7. 状态寄存器（S）

PLC 内拥有许多状态寄存器，状态寄存器在 PLC 内提供了无数的常开/常闭触点供用户编程使用。通常情况下，状态寄存器与步进控制指令配合使用，完成对某一工序的步进顺序动作的控制。当状态寄存器不用于步进控制指令时，可当作辅助继电器（M）使用。状态寄存器的地址编号如下。

（1）通用型：S0～S499，其中 S0～S9 可用于"初始状态"，S10～S19 可用于"返回原点"。

（2）停电保持型：S500～S899，共 400 点。

（3）作信号报警器用：S900～S999，该状态寄存器供信号报警器用，也可用作外部故障诊断的输出。

8. 数（K、H）

PLC 可作为定时器或计数器的设定值和当前值，也可用作应用指令的操作数。常数 K 用来表示十进制，16 位常数的范围为-32768～+32767，32 位常数的范围为-2147483648～+2147483647；常数 H 用来表示十六进制，16 位常数的范围为 0～FFFFH，32 位常数的范围为 0～FFFFFFFFH。

9. 指针（P、I）

在 PLC 的程序执行过程中，当某条件满足时，需要跳过一段不需要执行的程序，或者调用一个子程序，或者执行指定的中断程序，这时需要用"操作标记"来标明所操作的程序段，这"操作标记"就是指针，主要是分支用指针（P）和中断指针（I）。

分支用指针编号是 P0～P127，共计 128 点。当分支用指针 P 用于跳转指令时，用来指定跳转的起始位置和终点位置。当分支用指针 P 用于子程序调用指令（CALL）时，用来指定被调用的子程序和子程序的位置。中断指针作为标号用于指定中断程序的起点，中断程序从指针标号开始，执行 IRET 指令时结束。能够产生中断命令的信号有特定的输入地址信号（X000～X005）、定时器中断信号（I6XX、I7XX、I8XX）和高速计数器中断编号（I010、I020、I030、I040、I050、I060，共 6 点）。

2.4.2 三菱 PLC-FX 系列常用编程指令

FX 系列 PLC 有基本逻辑指令 20 或 27 条、步进指令 2 条、功能指令 100 多条（不同系列有所不同）。FX2N 共有 27 条基本逻辑指令，其中包含了有些子系列 PLC 的 20 条基本逻辑指令。

1. 基本逻辑指令

1）取指令与输出指令（LD/LDI/LDP/LDF/OUT）

（1）LD（取指令）：一个常开触点与左母线连接的指令，每一个以常开触点开始的逻辑行都用此指令。

（2）LDI（取反指令）：一个常闭触点与左母线连接的指令，每一个以常闭触点开始的逻辑行都用此指令。

（3）LDP（取上升沿指令）：与左母线连接的常开触点的上升沿检测指令，仅在指定位元件的上升沿（由 OFF→ON）时接通一个扫描周期。

（4）LDF（取下降沿指令）：与左母线连接的常闭触点的下降沿检测指令。

（5）OUT（输出指令）：对线圈进行驱动的指令，也称为输出指令。

取指令与输出指令的使用如图 2-8 所示。

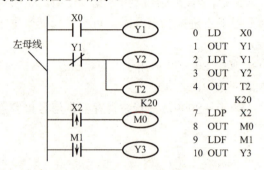

图 2-8 取指令与输出指令的使用

取指令与输出指令的使用说明：

（1）LD、LDI 指令既可用于输入左母线相连的触点，也可与 ANB、ORB 指令配合实现块逻辑运算；

（2）LDP、LDF 指令仅在对应元件有效时维持一个扫描周期的接通。图 2-8 中，当 M1 有一个下降沿时，Y3 只有一个扫描周期为 ON；

（3）LD、LDI、LDP、LDF 指令的目标元件为 X、Y、M、T、C、S；

（4）OUT 指令可以连续使用若干次（相当于线圈并联），对于定时器和计数器，在 OUT 指令之后应设置常数 K 或数据寄存器；

（5）OUT 指令目标元件为 Y、M、T、C 和 S，但不能用于 X。

2）触点串联指令（AND/ANI/ANDP/ANDF）

（1）AND（与指令）：一个常开触点串联连接指令，完成逻辑"与"运算。

（2）ANI（与反指令）：一个常闭触点串联连接指令，完成逻辑"与非"运算。

（3）ANDP：上升沿检测串联连接指令。

（4）ANDF：下降沿检测串联连接指令。

触点串联指令的使用如图 2-9 所示。

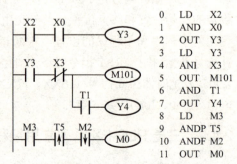

图 2-9 触点串联指令

触点串联指令的使用说明：

（1）AND、ANI、ANDP、ANDF 都是指单个触点串联连接的指令，串联次数没有限制，可反复使用。

（2）AND、ANI、ANDP、ANDF 的目标元元件为 X、Y、M、T、C 和 S。

（3）图 2-9 中 OUT M101 指令之后通过 T1 的触点去驱动 Y4 称为连续输出。

3）触点并联指令（OR/ORI/ORP/ORF）

（1）OR（或指令）：用于单个常开触点的并联，实现逻辑"或"运算；

（2）ORI（或非指令）：用于单个常闭触点的并联，实现逻辑"或非"运算；

（3）ORP：上升沿检测并联连接指令；

（4）ORF：下降沿检测并联连接指令。

触点并联指令的使用见图 2-10。

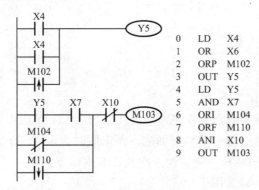

图 2-10 触点并联指令

触点并联指令的使用说明：

（1）OR、ORI、ORP、ORF 指令都是指单个触点的并联，图 2-10 中并联触点的左端接到 LD、LDI、LDP 或 LPF 处，右端与前一条指令对应触点的右端相连。触点并联指令连续使用的次数不限；

（2）OR、ORI、ORP、ORF 指令的目标元件为 X、Y、M、T、C、S。

4）块操作指令（ORB / ANB）

（1）ORB（块或指令）：用于两个或两个以上的触点串联连接的电路之间的并联。ORB 指令的使用如图 2-11 所示。

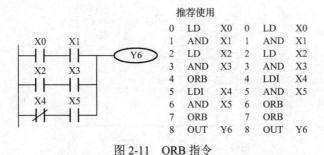

图 2-11 ORB 指令

ORB 指令的使用说明：

① 几个串联电路块并联连接时，每个串联电路块开始时应该用 LD 或 LDI 指令；

② 有多个电路块并联回路，如对每个电路块使用 ORB 指令，则并联的电路块数量没有限制；

③ ORB 指令也可以连续使用，但不推荐使用这种程序写法，LD 或 LDI 指令的使用次数不得超过 8 次，也就是 ORB 只能连续使用 8 次以下。

（2）ANB（块与指令）：用于两个或两个以上触点并联连接的电路之间的串联。ANB 指令的使用说明如图 2-12 所示。

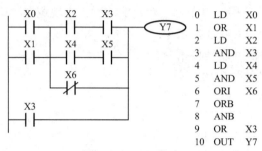

图 2-12　ANB 指令

ANB 指令的使用说明：

① 并联电路块串联连接时，并联电路块的开始均用 LD 或 LDI 指令；

② 多个并联回路块连接按顺序和前面的回路串联时，ANB 指令的使用次数没有限制。也可连续使用 ANB，但与 ORB 一样，使用次数在 8 次以下。

5）置位与复位指令（SET/RST）

（1）SET（置位指令）：它的作用是使被操作的目标元件置位并保持。

（2）RST（复位指令）：使被操作的目标元件复位并保持清零状态。

SET、RST 指令的使用如图 2-13 所示。当 X0 常开接通时，Y0 变为 ON 状态并一直保持该状态，即使 X0 断开，Y0 的 ON 状态仍维持不变；只有当 X1 的常开闭合时，Y0 才变为 OFF 状态并保持，即使 X1 常开断开，Y0 也仍为 OFF 状态。

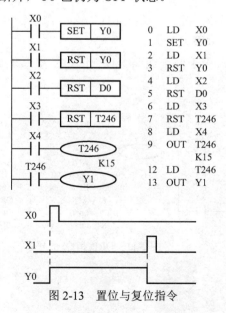

图 2-13　置位与复位指令

SET、RST 指令的使用说明：

（1）SET 指令的目标元件为 Y、M、S，RST 指令的目标元件为 Y、M、S、T、C、D、V、Z。RST 指令常被用来对 D、Z、V 的内容清零，还用来复位累计定时器和计数器。

（2）对于同一目标元件，SET、RST 可多次使用，顺序也可随意，但最后执行者有效。

6）主控指令（MC/MCR）

（1）MC（主控指令）：用于公共串联触点的连接。执行 MC 后，左母线移到 MC 触点的后面。

（2）MCR（主控复位指令）：它是 MC 指令的复位指令，即利用 MCR 指令恢复原左母线的位置。

在编程时常会出现这样的情况，多个线圈同时受一个或一组触点控制，如果在每个线圈的控制电路中都串入同样的触点，将占用很多存储单元，使用主控指令就可以解决这一问题。MC、MCR 指令的使用如图 2-14 所示，利用 MC N0 M100 实现左母线右移，使 Y0、Y1 都在 X0 的控制之下，其中 N0 表示嵌套等级，在无嵌套结构中 N0 的使用次数无限制；利用 MCR N0 恢复到原左母线状态。如果 X0 断开则会跳过 MC、MCR 之间的指令向下执行。

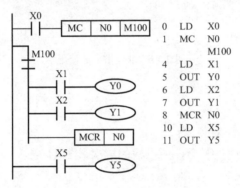

图 2-14 主控指令

MC、MCR 指令的使用说明：

（1）MC、MCR 指令的目标元件为 Y 和 M，但不能用特殊辅助继电器。MC 占 3 个程序步，MCR 占 2 个程序步；

（2）主控触点在梯形图中与一般触点垂直（如图 2-14 中的 M100）。主控触点是与左母线相连的常开触点，是控制一组电路的总开关。与主控触点相连的触点必须用 LD 或 LDI 指令。

（3）MC 指令的输入触点断开时，在 MC 和 MCR 之内的积算定时器、计数器、用复位/置位指令驱动的元件保持其之前的状态不变。非积算定时器和计数器，用 OUT 指令驱动的元件将复位，如图 2-14 中，当 X0 断开，Y0 和 Y1 即变为 OFF。

（4）在一个 MC 指令区内若再使用 MC 指令称为嵌套。嵌套级数最多为 8 级，编号按 N0→N1→N2→N3→N4→N5→N6→N7 顺序增大，每级的返回用对应的 MCR 指令，从编号大的嵌套级开始复位。

7）堆栈指令（MPS/MRD/MPP）

堆栈指令是 FX 系列中新增的基本指令，用于多重输出电路，为编程带来便利。在 FX 系列 PLC 中有 11 个存储单元，它们专门用来存储程序运算的中间结果，被称为栈存储器。

（1）MPS（进栈指令）：将运算结果送入栈存储器的第一段，同时将先前送入的数据依次移到栈的下一段。

(2) MRD（读栈指令）：将栈存储器的第一段数据（最后进栈的数据）读出且该数据继续保存在栈存储器的第一段，栈内的数据不发生移动。

(3) MPP（出栈指令）：将栈存储器的第一段数据（最后进栈的数据）读出且该数据从栈中消失，同时将栈中其他数据依次上移。

堆栈指令的使用如图 2-15 所示，图 (a) 为一层栈，进栈后的信息可无限使用，最后一次使用 MPP 指令弹出信号；图 (b) 为二层栈，它用了两个栈单元。

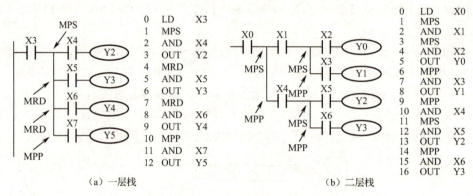

图 2-15 堆栈指令的使用

堆栈指令的使用说明：
(1) 堆栈指令没有目标元件；
(2) MPS 和 MPP 必须配对使用；
(3) 由于栈存储单元只有 11 个，所以栈的层次最多 11 层。

2．步进指令（STL/RET）

1）用途

步进指令是专为顺序控制而设计的指令。在工业控制领域，许多控制过程都可用顺序控制的方式来实现，使用步进指令实现顺序控制既方便实现又便于阅读修改。

FX2N 中有两条步进指令：STL（步进触点指令）和 RET（步进返回指令）。

STL 和 RET 指令只有与状态器 S 配合才能具有步进功能。如 STL S200 表示状态常开触点，称为 STL 触点，它在梯形图中的符号为 ⊢⊣，它没有常闭触点。我们用每个状态器 S 记录一个工步，例如 STL S200 有效（为 ON），则进入 S200 表示的一步（类似于本步的总开关），开始执行本阶段该做的工作，并判断进入下一步的条件是否满足。一旦结束本步信号为 ON，则关断 S200 进入下一步，如 S201 步。RET 指令是用来复位 STL 指令的。执行 RET 后将重回母线，退出步进状态。

2）状态转移图

一个顺序控制过程可分为若干个阶段，也称为步或状态，每个状态都有不同的动作。当相邻两状态之间的转换条件得到满足时，就将实现转换，即由上一个状态转换到下一个状态执行。我们常用状态转移图（功能表图）描述这种顺序控制过程。如图 2-16 所示，用状态器 S 记录每个状态，X 为转换条件。如当 X1 为 ON 时，则系由 S20 状态转为 S21 状态。

状态转移图中的每一步包含三个内容：本步驱动的内容、转移条件和指令的转换目标。如图 2-16 中 S20 步驱动 Y0，当 X1 有效为 ON 时，系统由 S20 状态转为 S21 状态，X1 即为转换条件，转换的目标为 S21 步。

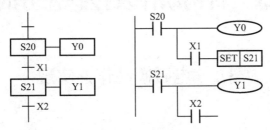

图 2-16 状态转移图

3）步进指令的使用说明

（1）STL 触点是与左侧母线相连的常开触点，某 STL 触点接通，则对应的状态为活动步；

（2）与 STL 触点相连的触点应用 LD 或 LDI 指令，只有执行完 RET 后才返回左侧母线；

（3）STL 触点可直接驱动或通过别的触点驱动 Y、M、S、T 等元件的线圈；

（4）由于 PLC 只执行活动步对应的电路块，所以使用 STL 指令时允许双线圈输出（顺控程序在不同的步可多次驱动同一线圈）；

（5）STL 触点驱动的电路块中不能使用 MC 和 MCR 指令，但可以用 CJ 指令；

（6）在中断程序和子程序内，不能使用 STL 指令。

第3章 机构动作及控制任务的实现

3.1 电磁阀动作的实现

3.1.1 电磁阀接线

电磁阀是用电磁控制的工业设备,用在工业控制系统中调整介质的方向、流量、速度和其他的参数。电磁阀里有密闭的腔,在不同的位置开有通孔,每个孔都通向不同的油管,腔中间是阀,侧面是电磁铁,磁铁线圈通电,阀体就会被吸引并移动,通过控制阀体的移动来挡住或漏出不同的排油孔,而进油孔是常开的,液压油就会进入不同的排油管,然后通过油的压力来推动油缸的活塞,活塞又带动活塞杆,活塞杆带动机械装置动作。这样通过控制电磁铁的电流就控制了机械运动。图3-1是直动式电磁阀工作状态图。

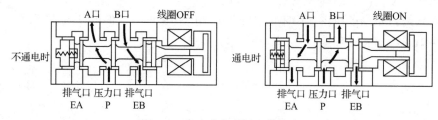

图3-1 直动式电磁阀工作状态

电磁阀电源线一般接两条线就可以工作,很多用户在给电磁阀接线时,发现上面有三根接线柱。电磁阀只要两根线就能工作,将电磁阀接线端盖打开后,里面是并排端子,有连接电线的两根接线柱,它们是电源线,通常上面印有标记;另一根是接地线,接在电磁阀外壳,防止电磁阀漏电,起安全保护作用,有接地符号标记。有些厂家的接线为其他颜色或看不到内部接线,则可以采用万用表的通断挡或电阻挡进行判断。

如果电磁阀线圈是交流驱动,则接线可以不必区分,如果是直流驱动,则要注意接线的正负极,并且电压要符合要求。要确认直流电磁阀过压保护回路中是否带有极性保护二极管,没有极性保护二极管的电磁阀接线错误时会烧毁控制元件。交流电磁阀接线图见图3-2,直流电磁阀接线图见图3-3。

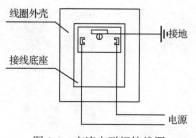

图3-2 交流电磁阀接线图

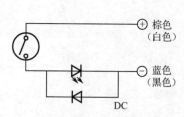

图3-3 直流电磁阀接线图

安装电磁阀电路接线的注意事项：

（1）先要检查电磁阀是否与选型参数一致，比如电源电压、介质压力、压差等，尤其是电源，如果搞错，就会烧坏线圈。电源电压应满足额定电压的波动范围：交流为+10%～-15%，直流为+10%～-10%，平时线圈组件不宜拆开。

（2）一般电磁阀的电磁线圈部件应竖直向上，竖直安装在水平于地面的管道中，如果受空间限制或工况要求必须按侧立安装的，需在选型订货时提出，否则可能造成电磁阀不能正常工作。

（3）尽量不要让电磁阀长时间处于通电状态，这样容易降低线圈使用寿命甚至烧坏线圈，就是说，常开/常闭电磁阀不可互换使用。

3.1.2 电磁阀的控制

电磁阀主要由继电器控制，电磁阀可以配合不同的电路来实现预期的控制，而控制的精度和灵活性都能够保证。现在，电磁阀技术与控制技术、计算机技术、电子技术相结合，已经能够进行多种复杂的控制。比如可以把电磁阀应用在智能控制领域，应用在无线控制技术等方面。正是因为能够用电磁进行控制，所以它能与现在的各种电子系统很好地连接，这也是它得到广泛应用的一个主要原因。

1. 单线圈的电磁阀控制

当电磁阀上只有一个电磁线圈时，电磁阀控制接收的是长时间作用信号，电磁线圈将长时间带电。随着长时间信号的延续及消失，电磁阀进行开闭转换。

在常规控制回路中，如果用定位开关控制，电磁阀的切换只需一个开关阀的触点接通，每次切换回初始位置时该触点断开即可。如果用一般按钮控制，因为要断开自保持回路，就需要在控制线路中常开触点回路再串上一个常闭触点，才能达到控制电磁阀开闭转换的目的，这与同样用一般按钮控制的电动执行机构自锁回路相似。除了共同具有的开、关方向操作互锁外，还可以纠正误操作。在控制回路中，如设置了保护信号，则应以此信号为主，引入的回路设计应以电磁阀失电时气动回路的切换能使气动阀门处于工艺生产过程中的安全位置为原则，与工艺及控制设备选型形成的断电断气保护构成了双重保护。

2. 双线圈的电磁阀控制

无论是单电磁线圈还是双电磁线圈，对双作用气缸式执行器的控制来说，都能达到目的。它们的区别仅在于电磁线圈的带电时间。前者控制接收长时间信号，长时间带电，电磁阀气路切换取决于线圈带电与否；后者控制接收脉冲信号，短暂带电（带电时间由气缸尺寸及控制速度决定，通常在 300～500ms），两个线圈不能同时带电，电磁阀气路切换取决于哪只线圈带电。采用 DCS 或 PLC 控制电磁阀的切换时，保护联锁可以在控制系统内完成，操作员通过操作键盘完全可以实现电磁阀的开、关动作，并防止误操作。

对双作用气缸式执行器的控制，过去主张采用具有记忆气路作用的双线圈两位四通先导阀，其主要理由就是一旦电源故障，单线圈将会因气路切换造成气动执行器误动作，且要求长期带电工作有碍安全。其实，对 100%工作制的电磁阀，电磁线圈的连续带电对其并不会构成事故威胁。至于避免误动作，其实工作过程中任一两位置气动执行器都有一个或全开或全关的安全位置，对应电磁阀一旦失电时的气路通断情况，然后根据气动执行机构（气缸）活塞移动的开、关向与电磁阀气管路接对了就行，也很方便。需要注意的是，此时的两位置气动执行器虽处于安全位置，但仍要注意保证不影响生产过程或其他工艺设备。

控制系统的电磁阀可以这样做，对于保护系统的电磁阀则需谨慎些。例如有些锅炉的汽包及集汽联箱上的气动安全门采用了单电控两位四通电磁阀控制，有可能发生以下情况：保护动作前如失电不能切换气路，对象压力虽上升至极限值却拒动；保护动作过程中如失电自行切换气路恢复至初始位置，对象压力虽未下降至规定值却误动。这都不为锅炉安全运行所允许，所以此时还是选用双电控两位四通电磁阀稳妥。

建议 PLC 不要直接控制电磁阀，容易损坏 PLC。最好是 PLC 控制继电器，继电器再控制电磁阀。由于 PLC 的直流输出类型大体上有继电器型和晶体管型两种，所以要选择确定继电器与 PLC 相匹配的型号，并通过继电器上的触点来控制电磁阀线圈的通断。

从 PLC 到继电器，继电器对应的电磁阀是开关量信号，这时继电器与电磁阀是一对一的关系。

3.1.3 电磁阀对控制系统输出接点及供电方式的要求

电磁阀对控制系统输出的接点有一定的要求，首先这种输出接点要能用在控制电磁阀这类感性负载上，其次要求按电磁阀电源种类、电压等级及功率大小供给有源接点。当控制系统为 DCS（分布式控制系统）时，由控制系统外部的电源柜、箱供电给电源，即 DCS 的输出与外部相应的配电回路串接后去驱动电磁阀，要求控制系统输出能带这类负载的继电器接点；当控制系统为 PLC 时，则通常要求控制系统直接输出有源接点。

1. PLC 数字量输出模块

PLC 交流数字量输出模块的形式主要有继电器接点及双向晶闸管输出，直流数字量输出模块的形式主要有继电器接点及功率晶体管输出。在工程设计中，交、直流数字量输出模块除了都可选用继电器接点输出形式外，还多了一种选择形式：选用双向晶闸管输出模块，再加外部继电器作为系统输出。这有利于模块安全工作，也适合接点容量要求大的场合。

PLC 数字量输出模块的继电器接点输出形式又有机电继电器、干簧继电器、水银继电器及固态继电器等多种。前三种继电器输出模块的主要区别在于使用条件、使用环境及动作速度等不同。固态继电器输出模块以每个点的连续电流大见长，目前工程中选用还不是很多。而机电继电器接点输出形式因其经济性在工程中应用最为普及，然而绝大部分这类输出模块因不含有波动限制电路只能切换如照明、指示器及加热元件等阻性负载，而不推荐用在如电动机启动器、电磁阀及伺服机等感性或容性负载上。所以，工程设计中通常选择双向晶闸管输出的交流数字量输出模块或继电器接点输出的直流数字量输出模块，再加外部继电器作为系统输出。

数字量输出模块外部继电器的供电方式实际上就是该模块工作电压的引入方式。交流模块外部继电器常以一个模块的单位配电，且在电源相线端配置电源开关，也可采用断路器密集安装以节省空间。低电压直流模块外部继电器常以 8 点或继电器的单位配电，且在回路电压正端配置熔断器或采用保险丝端子密集安装以节省空间。这些在系统内部加入的电源都应有各自独立的配电回路，即有各自相应的断路器或保险丝端子。

2. PLC 开关量输出模块

PLC 控制电磁阀需要根据电磁阀的电压特点进行选择。在使用电磁阀之前一定要弄清楚电磁阀线圈电压是多少，是直流电压还是交流电压。相同电压的直流和交流线圈的电阻都不相同。

PLC 输出是开关量信号。对于 24V 直流线圈的电磁阀，一般 PLC 都有 24V 输出，可以用 PLC 输出与电磁阀连接；小于 5W 的电磁阀，可以直接驱动（有带指示灯或者吸收二极体的，就不需要另外独立加装吸收二极体，如果没有带指示灯或者吸收二极体的，需要独立加装吸收二极体）。

对于采用的不是 24V 直流线圈的电磁阀，或者电磁阀的总功率超过 PLC 内部 24V 电源的负载能力的，需要增加外部电源控制电磁阀（见图 3-4）。由于电磁阀是感性元件，直流电磁阀线圈最好能并联二极管。

一般 PLC 输出都要接电源的公共端 COM，因此在公共 COM 下的一组 PLC 输出节点，使用的器材电压必须一致。如果 PLC 是晶体管输出，要考虑端口的电气负载特性，例如端口感性负载最大是 12W/DC 24V，直接控制小型电磁阀的话，动作频繁的信号用晶体管或者可控硅均可。如果只有继电器输出的 PLC，在外接 PLC 输出的继电器上并上一个二极管，作为关断下的续流二极管，也可延长使用寿命。

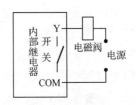

图 3-4 外接电源控制电磁阀工作

如果控制的感性负载大于 12W/DC 24V，建议用继电器输出的 PLC，电磁阀线圈另加并接续流二极管的，一般选用 IN54 系列二极管即可，参数可以在元器件手册中查询到。

线圈功率更大的电磁阀，需要加装继电器，运行频率较低者，加装普通机械继电器即可，运行频率较高者（每天动作大于 100 次），加装固态继电器，就是通过程序设计逻辑控制，用 PLC 的输出点去驱动继电器的线圈，继电器的触点去驱动电磁阀，从而达到驱动电磁阀的目的。

电磁阀的控制线路是经过 PLC 的内部输出电路的，不需要增加额外的驱动电路。如果 PLC 的 DC 24V 功率足够的话，那么就可以把电磁阀的一根线接到 PLC 的 COM 端，另一根接到 PLC 的一个输出端上去。

交流电压电磁阀，一般电流在 27~32mA，功率最大不会超过 6.5W，当然线圈越大电流功率就越大。如果线圈电流过大，直接用 PLC 驱动电磁阀不太稳定，还是建议用继电器比较好。

3.2 伺服电机转动的实现

伺服电机是在伺服系统中控制机械元件运转的发动机，可将电压信号转化为转矩和速度，位置精度非常高，伺服电机转子转速受输入信号控制，并能快速反应。在自动控制系统中用作执行元件，且具有机电时间常数小、线性度高等特性。

伺服电机主要靠脉冲来定位，基本上可以这样理解，伺服电机接收到 1 个脉冲，就会旋转 1 个脉冲对应的角度，从而实现位移，并由伺服电机所带动的编码器反馈给伺服控制系统相对应的脉冲数量，形成闭环，就能够精确控制电机转动。

伺服驱动器一般可以采用位置、速度和力矩三种控制方式，主要应用于高精度的定位系统，为实现这些伺服控制单元的正确运行，伺服控制系统采用的接线方式要按照标准进行。

3.2.1 周边装置接线

伺服电机控制系统周边装置主要包括断路器、电磁继电器、滤波器、回生电阻、信号电缆、伺服电缆，编码器电缆等。图3-5是台达公司的伺服电机系统周边装置的接线形式。

伺服电机系统接线时应注意以下几个事项：

（1）伺服电机系统在设计安装中要检查确认R、S、T与L1、L2的电源接线是否正确；

（2）确认伺服电机输出端U、V、W端子相序接线是否正确；

（3）使用回生电阻的接线方式是否正确；

（4）异常情况或紧急停止状态时，报警信号输出是否能够将电磁接触器断电，切断电源；

（5）正确选择伺服系统的供电电源，尤其是要区分110V和220V供电电压。严格按照电气设计图纸接线；

（6）为了保持命令参考电压的恒定，要将伺服驱动器的信号地接到控制器的信号地。它也会接到外部电源的地，这将影响控制器和驱动器的工作。如果在交流电源和驱动器直流总线（如变压器）之间没有隔离的话，不要将直流总线的非隔离端口或非隔离信号的地接大地，这可能会导致设备损坏和人员伤害。因为交流的公共电压并不是对大地的，在直流总线地和大地之间可能会有很高的电压。

（7）正确的屏蔽接地处是在其电路内部的参考电位点上。这个点取决于噪声源和接收是否同时接地，或者浮空。要确保屏蔽层在同一个点接地使得地电流不会流过屏蔽层。

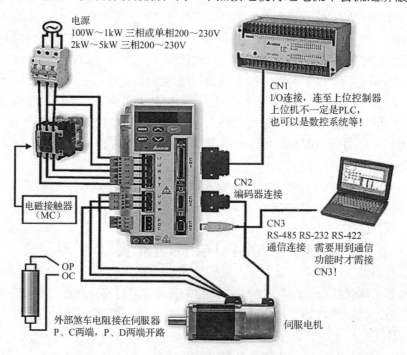

图3-5　伺服电机系统接线图框图

3.2.2　调试

伺服电机在正式工作运行前都要进行调试，在首次上电运行调试之前，要认真准备如下事项：

（1）检查伺服电机，确保外部没有致命的损伤；

（2）检查伺服电机的固定部件，确保连接牢固；

（3）检查伺服电机输出轴，确保旋转流畅，尤其是在首次调试伺服系统时，尽可能不连接负载；

（4）检查伺服电机的编码器连接线以及伺服电机的电源连接器，确认其连接牢固；

（5）检查伺服电机的散热风扇是否转动正常；

（6）及时清理伺服电机上面的灰尘、油污，确保伺服电机处于正常状态；

（7）伺服电机在控制的过程中要注意：控制电路要先得电，主回路才能得电。要按照伺服系统手册中的操作时间间隔要求进行操作。

（8）如果选择了带电磁制动器的伺服电机，电机的转动惯量会增大，计算转矩时要进行考虑。通电时也要依据伺服手册考虑电磁制动器开合与主电路上电的时间间隔。

3.2.3 伺服电机控制实例

本实例为台达 ASDA 伺服简单定位系统，由台达 PLC 和台达伺服、台达人机触摸屏组成一个简单的定位控制演示系统。通过 PLC 发送脉冲控制伺服驱动器，实现原点回归、相对定位和绝对定位功能的演示。其控制系统构成见图 3-6。

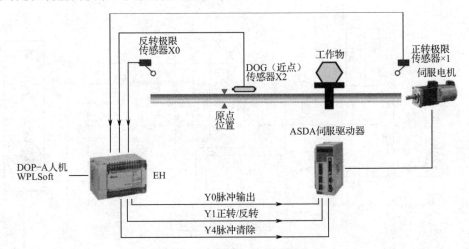

图 3-6 台达运动控制器构成图

伺服驱动器主电路见图 3-7，其工作原理为：按下空气开关 MCCB 后，控制电路 L1C、L2C 先得电。此时 ALM+引脚有输出，ALM 回路控制的回路接通，ALM 回路的继电器控制的开关 ALM 闭合。此时动力电并没有送到伺服器驱动里面，且需要注意的事项是，若伺服驱动器输入电压为三相 200V，需要将外接 380V 动力线经过变压器转换成三相 200V，方可接入伺服驱动器，而单相 200V 则可以按照驱动器接线说明直接接入。软件开关通过程序控制主电路的通断，正常运行情况下一直运行。此时只要按下开始按钮 ON，电磁接触器线圈主电路瞬间接通，电磁接触器线圈 MC 得电后，使电磁接触器控制的开关 MC 闭合，此时即使开始按钮 ON 断开，由于电路的自锁作用，主电路仍然接通。

图 3-8 是伺服驱动器电路原理图，外接回生电阻可依据生产实际需要和驱动说明书要求安装。

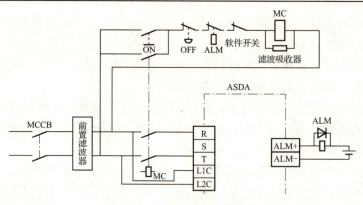

图 3-7 伺服驱动器主电路

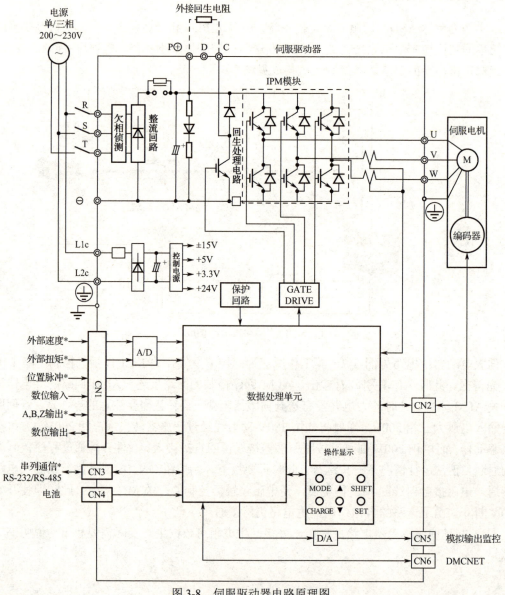

图 3-8 伺服驱动器电路原理图

PLC 与伺服驱动器硬件接线见图 3-9。

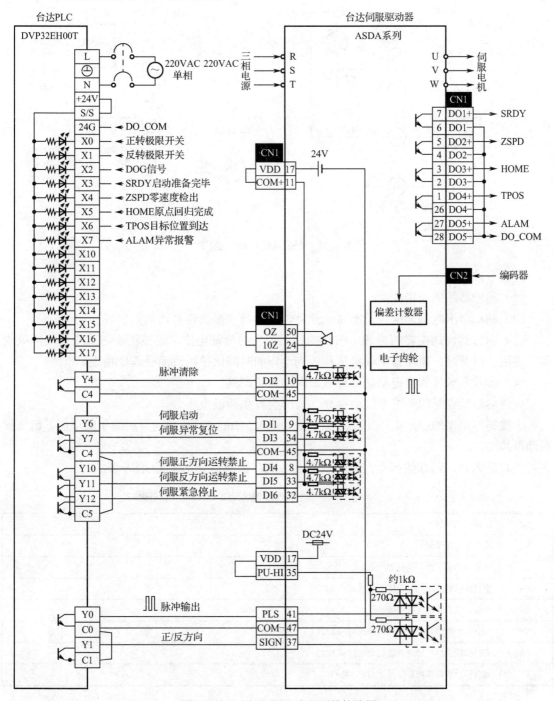

图 3-9　PLC 与伺服驱动器硬件接线图

操作元件说明：

如果伺服驱动系统选择了带有制动器的电机，相应伺服驱动器的控制信号 break 就要有相应电磁制动器 BRKOFF+、BRKOFF-的电气原理图，如图 3-10 所示。

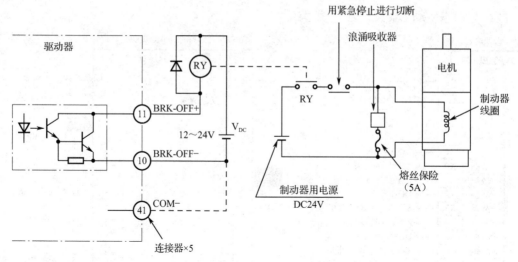

图 3-10 刹车系统连接示意图

注意事项：

（1）制动器线圈无极性。

（2）制动器用电源需由客户准备。此外，制动器和控制信号请勿共用同一电源。

（3）为抑制因继电器的接通／关闭操作而产生的浪涌电压，请按图示方式安装浪涌吸收器。使用二极管时，需注意制动器从释放到动作的时间比使用浪涌吸收器稍慢。

（4）推荐零部件为测定制动器释放时间的指定产品。

电线的阻抗因配线长度不同而变化，有时会发生浪涌电压。

为控制继电器的线圈电压（最大额定值为 30V，50mA）及制动器的端子间电压，请选择浪涌吸收器。

PLC 输入点、内部输入点、内部状态点、PLC 输出点分别见表 3.1～表 3.4。

表 3.1　PLC 输入点

X0	正转极限传感器
X1	反转极限传感器
X2	DOG（近点）信号传感器
X3	来自伺服的启动准备完毕信号（对应 M20）
X4	来自伺服的零速度检出信号（对应 M21）
X5	来自伺服的原点回归完成信号（对应 M22）
X6	来自伺服的目标位置到达信号（对应 M23）
X7	来自伺服的异常报警信号（对应 M24）

以上这些 I/O 点中，PLC 所连接的信号都可以在硬件连线上找到具体连线和安装位置。而对于部分内部输入点和状态点，说明中作为开关及伺服状态显示的 M 装置实际上均是利用台达 PLC 来设计的。台达 DOP-A 人机界面的编程使用方法请参考台达 DOP-A 人机用户手册。

第 3 章　机构动作及控制任务的实现

表 3.2　内部输入点

M0	原点回归开关
M1	正转 10 圈开关
M2	反转 10 圈开关
M3	坐标 400000 开关
M4	坐标 -50000 开关
M10	伺服启动开关
M11	伺服异常复位开关
M12	暂停输出开关（PLC 脉冲暂停输出）
M13	伺服紧急停止开关

表 3.3　内部状态点

M20	伺服启动完毕状态
M21	伺服零速度状态
M22	伺服原点回归完成状态
M23	伺服目标位置到达状态
M24	伺服异常报警状态

表 3.4　PLC 输出点

Y0	脉冲信号输出
Y1	伺服电机旋转方向信号输出
Y4	清除伺服脉冲计数寄存器信号
Y6	伺服启动信号
Y7	伺服异常复位信号
Y10	伺服电机正方向运转禁止信号
Y11	伺服电机反方向运转禁止信号
Y12	伺服紧急停止信号

下面这些参数是本样例程序依据外部接线而设定的，如表 3.5 所示。

表 3.5　伺服驱动器内部参数设定

参　数	设置值	说　明
P0-02	2	伺服面板显示脉冲指令脉冲计数
P1-00	2	外部脉冲输入形式设置为脉冲+方向
P1-01	0	位置控制模式（命令由外部端子输入）
P2-10	101	当 DI1=On 时，伺服启动
P2-11	104	当 DI2=On 时，清除脉冲计数寄存器
P2-12	102	当 DI3=On 时，对伺服进行异常重置
P2-13	122	当 DI4=On 时，禁止伺服电机正方向运转
P2-14	123	当 DI5=On 时，禁止伺服电机反方向运转
P2-15	121	当 DI6=On 时，伺服电机紧急停止
P2-16	0	无功能

续表

参 数	设置值	说 明
P2-17	0	无功能
P2-18	101	当伺服启动准备完毕后，DO1=On
P2-19	103	当伺服电机转速为零时，DO2=On
P2-20	109	当伺服完成原点回归后，DO3=On
P2-21	105	当伺服到达目标位置后，DO4=On
P2-22	107	当伺服报警时，DO5=On

这些参数具体使用方法可以参看厂家的说明书和调试手册。下面简要介绍一下伺服驱动器里的其他重要参数（仅限于位置控制方式）。

在进行位置控制时，首先要确定机械设备的规格（包括螺杆节距、齿轮比、滑轮直径等参数）。然后确定伺服电机编码器的最大分辨率，目前台达伺服电机编码器每转输出脉冲数均为2500（因为是AB相信号，信号可以四倍频），最大分辨率为2500×4=10000（如果是17BIT的编码器，最大分辨率则为32768×4=131072），亦可以在输出时不采用倍频方式。而其他品牌的伺服驱动器编码器脉冲式则可以人为设定每转一周输出的脉冲数，并协调最小指令单位条件下的负载移动的位置数据。

指令单位是使用者决定的，只是在决定时，需要充分考虑上级装置指令的最小单位、机构情况、要求达到的定位精度、是否容易计算等。例如，上位装置的最小单位为1μm时，可以设定指令单位为1μm，意思是说1个脉冲控制1μm，如果设指令单位为10μm，则意思为1个脉冲控制10μm，很明显，1个脉冲控制1μm比控制10μm从控制上讲精度当然会高，如果精度够的话，也可以把指令单位设为3、4等数值，但这样就将简单的计算变得复杂了。

参数P1-01：设定为所欲控制的模式（参考表3.6），设定好参数后，需将伺服驱动器重新上电，这时就修改了控制模式。

表3.6 控制模式选项

X\mode	Pt	Pr	S	T	Sz	Tz
00	○					
01		○				
02			○			
03				○		
04					○	
05						○
06	○	○				
07	○		○			
08	○			○		
09		○	○			
10		○		○		

其中，Pt：位置控制模式（命令由端子输入）；
Pr：位置控制模式（命令由内部缓存器输入）；
S：速度控制模式（端子/内部缓存器）；
T：扭矩控制模式（端子/内部缓存器）；
Sz：零速度/内部速度缓存器命令；
Tz：零扭矩/内部扭矩缓存器命令。

图 3-11 是台达伺服样例程序。

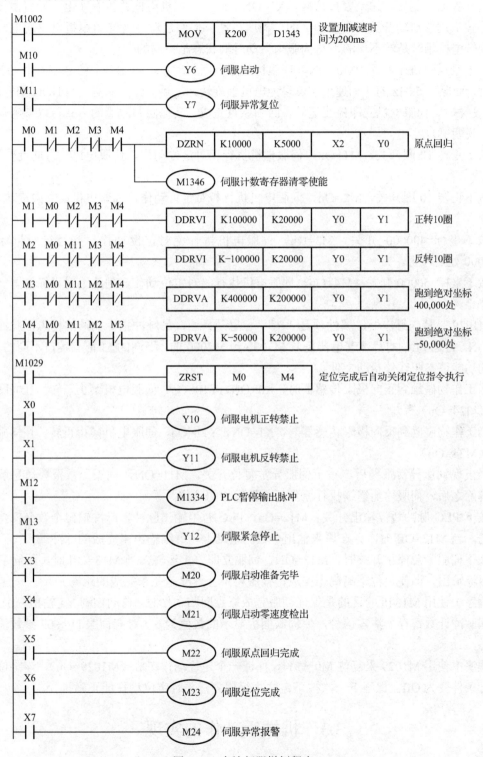

图 3-11 台达伺服样例程序

PLC 程序说明：

当伺服上电之后，如无警报信号，X3=ON，此时，电机电枢并没有通电，能自由转动电机轴。按下伺服启动开关后，M10=ON，伺服启动。伺服启动就意味着电机电枢通电，当用外力旋转电机轴时是转不动的，与伺服未启动时的状态是不同的。

按下原点回归开关时，M0=ON，伺服执行原点回归动作，当 DOG 信号 X2 由 Off→On 变化时，伺服以 5kHz 的寸动速度（表现为电机轴旋转速度慢）回归原点，当 DOG 信号由 On→Off 变化时，伺服电机立即停止运转，回归原点完成。其他回归原点的方式可以参考伺服驱动器的说明书。

按下正转 10 圈开关，M1=On，伺服电机执行相对定位动作，伺服电机正方向旋转 10 圈后停止。

按下正转 10 圈开关，M2=On，伺服电机执行相对定位动作，伺服电机反方向旋转 10 圈后停止。

按下坐标 400000 开关，M3=On，伺服电机执行绝对定位动作，到达绝对目标位置 400，000 处后停止。

按下坐标-50000 开关，M4=On，伺服电机执行绝对定位动作，到达绝对目标位置-50000 处后停止。

M1029 是特殊继电器，属性项是"R"，意思是只读，是脉冲指令完结的标志，脉冲完毕后是 ON。台达 PLC 的特殊继电器是从 M1000 到 M2000 的，不同的 M 都有各自不同的功能。具体的功能请参照软件帮助文件。

当工作物碰触到正向极限传感器时，X0=ON，Y10=On，伺服电机禁止正转，且伺服异常报警（M24=On）。

当工作物碰触到反向极限传感器时，X1=ON，Y11=On，伺服电机禁止正转，且伺服异常报警（M24=On）。

当出现伺服异常报警后，按下伺服异常复位开关，M11=ON，伺服异常报警信息解除，警报解除之后，伺服才能继续执行原点回归和定位的动作。

按下 PLC 脉冲暂停输出开关，M12=On，PLC 暂停输出脉冲，脉冲输出个数会保持在寄存器内，当 M12=Off 时，会在原来输出个数的基础上，继续输出未完成的脉冲。

按下伺服紧急停止开关时，M13=ON，伺服立即停止运转，当 M13=Off 时，不同于 PLC 脉冲暂停输出，即使定位距离尚未完成，伺服将不会继续跑完未完成的距离。

程序中使用 M1346 的目的是保证伺服完成原点回归动作时，自动控制 Y4 输出一个 20ms 的伺服脉冲计数寄存器清零信号，使伺服面板显示的数值为 0（对应伺服 P0~02 参数需设置为 0）。

程序中使用 M1029 来复位 M0~M4，保证一个定位动作完成（M1029=On），该定位指令的执行条件变为 Off，保证下一次按下定位执行相关开关时定位动作能正确执行。

3.3 机械手动作的实现

在进行了以上伺服电机控制系统的通电准备工作后，机器人机械结构的检查也要同步进行。在保证人员与设备安全的前提下，尽可能先利用手动触发电磁阀的方式调整机械手的运行动作正确。在调整前要先了解机械手的特点。

3.3.1 机械手的分类

设计符合需求的气动机械手，需要对机械手的组成和种类进行分析，了解他们的具体结构，这样才能设计出结构合理、功用适合的气动机械手。国际上对于机械手的分类方式并没有统一标准，传统习惯上，通常将机械手简称为机器人。下面来做简要的介绍。

（1）按用途分类

按用途来划分，可以分为两类，一类是工业机器人，如搬运机器人、焊接机器人、喷漆机器人、装配机器人等，另一类是医疗机器人，海洋机器人，军用机器人，管道机器人，娱乐机器人等。目前应用最广的是工业机器人。也有人把除了工业机器人以外的机器人统称为特种机器人。

（2）按驱动方式分类

液压驱动的机器人是通过液压压力对机械手的运动进行控制，对液压技术的要求比较高。在使用的过程中，手部抓取物品可达一百公斤以上，且操作的灵活性高。

气压传动的机器人是利用压力进行机械手的机构执行操作。这种机械手具有结构简单、成本低的特点。

机械传动的机器人是利用机械结构进行操作驱动执行的机械手，其工作方式是通过动力机械来执行的，结构较复杂。

电力传动的机器人是通过电机进行驱动控制的机械手，结构简单，操作方便。

（3）按控制方式分类

根据作业内容不同来分，也可以将机器人的机械手运动控制分为点位式和轨迹式。点位式控制一般只需考虑首末两点的位置和姿态定位，对中间过程的速度及路径并无特别要求。轨迹式控制则不仅需要对首末位置的精度控制，更需要对整个首末运行轨迹作一个连续的规划，需要对位置、速度、加速度有规定的跟踪要求，从而保证机械手能按照预定轨迹连续运动，故整个系统也可以看成给定变量不断变化的随动系统。

（4）按几何结构分类

按照几何结构又可以分为以下几类：直角坐标型机器人、圆柱坐标型机器人、球坐标型机器人、关节型机器人和复合坐标型机器人。直角坐标型机器人的实现方式是通过三轴的轴向组合移动来使机械手末端执行器到达指定的位置或按预定的轨迹连续运动，它在空间的运动范围一般是一个长方体。相对于其他类型的机器人，因其结构简单，容易控制，使用、维修方便，所以，在工业生产中直角坐标型机器人应用较广。直角坐标型机械手结构见图 3-12。

3.3.2 机械手的设计

气动机械手具有使用方便、精度高、反应迅速、自由度高等特点。当今气动机械手的控制模块选取阀岛技术和气动伺服系统，在机械结构上都选择模块化的拼装，着重模块化设计，由于结构单一、质量小、速度快、稳定可靠、节能环保，是工业生产中最常用的机械手，被普遍采用。

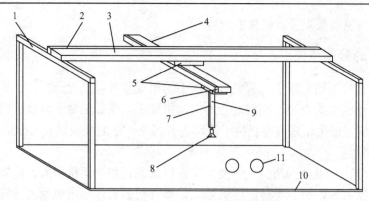

图 3-12 直角坐标型气动机器人结构

1—支架；2—X 轴位移传感器；3—X 轴无杆气缸；4—Y 轴无杆气缸；5—无杆气缸滑块；6—Y 轴位移传感器；7—Z 轴气缸导向装置；8—真空吸盘；9—Z 轴双作用气缸；10—工作台；11—小球

气动机械手在进行作业时能够更好地适应作业需求，可根据加工材料的特性和结构形状进行控制，使其符合作业需求和生产工艺。

气动机械手的重要部分为手臂，在支撑工件、手爪和手腕中起主要作用。手臂的功能为牵引手爪去夹工件，且将它按照既定方案摆放到特定的地方。手臂运动主要是通过气压驱动来进行的，在工业生产的加工工作中，主要通过手臂的伸缩运动来进行具体操作，依照抓取工件的需求，手臂通常有三个自由度，即伸缩、旋转和升降。完成机械手手臂旋转运动的机构有很多种，常用的有叶片式回转摆动气缸、齿轮传动机构、链轮传动机构、连杆机构等。

完成手臂做直线往复动作的结构，主要包括驱动机构和导向装置。导向装置的作用是确保手臂运行方向是对的，而且工作中所产生的弯曲和扭转力矩需要它来承担。运行速度、承载能力和刚性要符合要求，惯量不能太大，动作要灵敏并精确，驱动机构完成直线往复运动往往借助油缸/马达配合齿轮/齿条的方法。往复直线油/气缸包括如下几类：

（1）双作用单活塞杆：此类气缸在气/液压机械手中完成手臂的来回动作中被广泛采用。活塞在气压下做两个方向的动作。机构上能使缸体不动，活塞杆动作，还能让活塞杆不动，但缸体动作。

（2）双作用双活塞杆：如果运动的行程很长，在制造中把气缸做得非常长、体积巨大是有难度的。但设计成伸缩式的双活塞杆气缸，可以符合行程规定，油缸占地较少。

（3）丝杆螺母：此类传动方式的优点为自锁容易，缺点为传动效率不高。但考虑采用滚珠丝杠，虽效率能增加，但长度很大，制造起来成本高，有一定难度。

对此类串联式直线往复机械手来说，运动结果可以看成是一系列移动副串联而成的开式链，即一端固定在基座，另一端用来完成工作任务的杆件组合体。机械手的运动学就是研究机械手各构成杆件运动的几何关系，从几何关系出发来研究使末端到达所需的位置，各连杆分别应以相应的函数关系运动。因此，就需要对机械手末端位置相对于固定坐标系进行空间描述。

有了以上机械手的介绍，在进行调节过程中要依据机械结构设计和驱动类型分门别类地进行调整和调试。

第4章 MPS——模块式自动生产线实训系统介绍

4.1 MPS 总线使用说明

4.1.1 MPS 总线简介

MPS 总线包括：双料仓上料检测站，无杆气缸分料站，加工站，气动机械手、输送带工作站，气垫滑道、装配站，电缸机械手分料入库站，如图 4-1 所示。

图 4-1 MPS 总线

4.1.2 设备基本工作参数

（1）工作电压：第五站为单相 120～230VAC 50/60Hz；
其余各站为单相 110～240VAC 50/60Hz；
（2）工作气压：0.5MPa±0.1MPa；
（3）工作环境：温度范围-10℃～40℃；适度范围 ≤90%（25℃）；
（4）外形尺寸：单站 长×宽×高=600mm×900mm×1800mm
总线 长×宽×高=3600mm×900mm×1800mm；

4.1.3 其他说明与注意事项

每一站的调试或运行，有手动/自动模式和单动/联动模式。气源经总线气源处理后，分别进入各分站后可独立控制通断气和调节气压。

各站均配有开关按钮盒（见图 4-2）。

按钮盒上各按钮从左到右依次为：急停按钮，停止按钮，手动/自动旋钮，单站/联网旋钮，复位按钮，开始按钮。各按钮顺序可根据使用者的习惯改变。

总线上各站所用到的气缸均配有 Airtac 生产的各类接头和磁感应开关，气缸的伸出与收缩通过相应的磁感应开关感应得到的数据传输给 PLC，从而控制相应或后续机械机构动作继续进行。各站之间的通信，由 PLC 完成。PLC 模块如图 4-3 所示。

图 4-2　开关按钮盒

图 4-3　PLC 模块

运行调试或使用时，应注意有关操作安全系数级别。安全级别划分为"危险"与"注意"（见图 4-4 和图 4-5）。

⚡ **危险**

- 需检测维护时，请必须在断电的情况下进行，以防止触电。
- 当通电时，请不要用湿手进行操作，以防止触电。
- 操作时如发现实验导线外皮损坏或器件损坏，请不要用于实验，以免发生意外伤害事故。
- 请专业技术人员（包括专业老师和已接受培训的学生）操作本设备，以免发生触电事故。

图 4-4　危险警示

⚠ **注意**

- 在通电前，请检查设备电源，以防止出现短路、缺相等情况，损坏设备。
- 设备使用完以后，请注意检查电源是否断开。

图 4-5　警示

4.1.4　启动设备操作顺序与说明

在通电前，请检查设备电源，以防止出现短路等情况，损坏设备；

在通电前,请检查设备台面上是否有异物,以防造成设备损坏;

设备在接通电源前,请先将气源接通;如图 4-6 所示调节调压阀旋钮,将输入气源气压调整在 0.5MPa 左右。

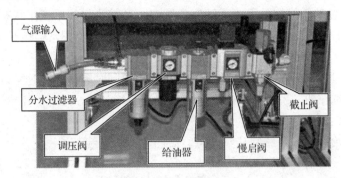

图 4-6　气动系统

图 4-6 中的分水过滤器为差压排水方式,当输入气源断开,冷凝水会自动从杯底排出;因电磁阀及气缸内部预先抹有润滑脂,图中的给油器可在无需给油的情况下长期使用,而一旦加油,则不可停止给油,且必须使用透平 1#油(ISO-VG32);慢启阀的作用是在气动系统中安全地建立压力,起安全保护作用;截止阀可在关闭状态下加锁,以防止第三者无意操作造成设备及人员损伤。

如图4-7所示为控制各单站通断气和调节气压的装置,主要包括气源处理元件和手滑阀。

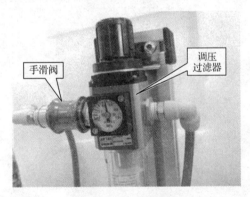

图 4-7　气路调节

4.1.5　各站共用操作说明

每站按钮从左到右依次为:开始,复位,手动/自动,单站/联网,急停。

(1) PLC 运行后,释放急停开关,按下上电按钮后,执行如下程序:

A) 如系统不在初始位置,则复位灯闪烁,按下复位按钮,系统复位,复位完毕后开始灯闪烁;

B) 如系统已在原点位置,则开始灯闪烁。

(2) 开始灯闪烁,按下则系统开始工作,系统正常工作中,开始指示灯常亮;

(3) 当"单站/联网"旋钮处于"联网"位置时,执行如下程序:

A) 当"手动/自动"旋钮处于"自动"位置时,系统执行全自动联网循环工作;

B）当"手动/自动"旋钮处于"手动"位置时，系统执行联网工作状态下的单步运行；

（4）当"单站/联网"旋钮处于"单站"位置时，执行如下程序：

A）当"手动/自动"旋钮处于"自动"位置时，系统执行全自动单站循环工作；

B）当"手动/自动"旋钮处于"手动"位置时，系统执行单站工作状态下的单步运行。

（5）因 MPS04 采用新的硬件急停和上电控制电路，系统在正常的运行工程中，如按下急停按钮，系统马上停止工作，急停按钮指示灯亮，但 PLC 仍然处于运行状态，此时，如释放急停按钮，再按下上电按钮，则系统的复位灯和开始灯同时闪烁，此时系统工作要求如下：

A）如按下复位按钮，系统则复位到原点位置后等待开始，此时，开始灯闪烁，按下开始按钮后系统工作；

B）如按下开始按钮，系统则从刚才急停后的状态下继续工作。

4.2 各站使用说明

4.2.1 第一站：双料仓上料检测站

第一站如图 4-8 所示。

图 4-8 第一站

主要功能：完成加工件从料斗分类输送到检测工位，提供物料给下一站。

主要机构：送料机构，推料机构，检测机构，物料机构。

主要使用的气动元件：如表 4.1 所示。

1. 各机构动作简要流程顺序

滑台气缸带动料仓移动，迷你气缸将加工件从料仓中推出，然后紧凑型气缸伸出，检测加工件正反面,并将数据输出给第二站。无论加工件放置是否正确,双轴气缸将加工件推至材料与颜色检测工位检测有关属性,并将数据传输至第六站分类入库。随后,下一站将检测完的加工件取走。本站机构组成见图 4-9。

表 4.1　气动元件明细(第一站)

序号	名　　称	数　量	供 应 商	作　　　　用
1	滑台气缸	1	Airtac	移动料仓
2	迷你气缸	1	Airtac	将加工件推出料仓待检
3	双轴气缸	1	Airtac	推加工件至材料与颜色检测工位
4	紧凑型气缸	1	Airtac	检测加工件正反面
5	电磁阀	3	Airtac	控制各相应气缸
6	电磁阀	1	Airtac	控制气缸
7	阀岛	1	Airtac	固定集成各电磁阀
8	气源处理	1	Airtac	调节该站气源气压
9	手滑阀	1	Airtac	开启/切断该站气源

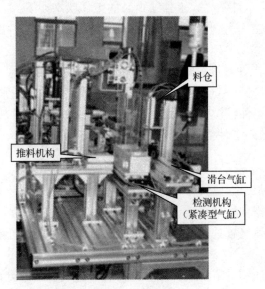

图 4-9　机构

2. 两处检测工位检测原理与说明

加工件正反面检测工位:当加工件到位后,检测气缸伸出,若气缸活塞杆能够完全伸出到位,则相应的磁感应开关能够接收到信号,并传输给第二站 PLC;若气缸活塞杆不能够完全伸出到位,则相应的磁感应开关接收不到信号,一段延时(3~5s)后,传输错误放置的加工件数据给第二站 PLC,从而分类去除。

颜色与材料分类工位:加工件到位后,由金属检测传感器和颜色检测传感器分别对加工件颜色属性和材料属性予以分类(见图 4-10),并将信号传输给第六站(错误放置的加工件不计入内),从而达到分类入库的作用。

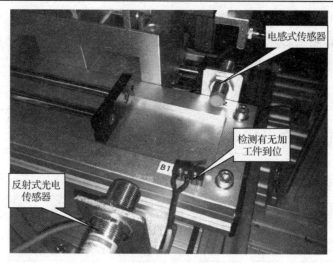

图 4-10 检测装置

3. 该站电控说明

正常工作时，绿色警示灯常亮，工件缺少时的工作状态如下：

A）当其中一个料仓空而另一个料仓有工件时，系统会将有工件的料仓中的工件推出后继续工作；

B）当两个料仓中的工件都没有时，系统停止工作，绿色报警灯灭，黄色报警灯和开始指示灯闪烁，此时如将工件放入料仓中，并按下开始按钮时，系统正常开始工作；

C）当两个料仓中的工件都没有时，而且在 1 分钟内没有将工件放入料仓，黄色报警灯灭，红色报警灯常亮，直到放入工件并按下开始按钮，系统才开始工作。

4. 气缸特性举例

（1）滑台气缸（STMS16X175）产品部分特性

① 安装固定形式：滑块安装；

② 双活塞杆结构，使气缸具有较好的抗弯曲及抗扭转性能，可承受较大的运动负载和侧向负载；

③ 两端防撞垫或油压缓冲器等缓冲装置，可有效减缓撞击速度，延长气缸使用寿命；

④ 选择耐高温密封材料，可保证气缸在 150℃条件下正常工作。

（2）迷你气缸（MI20X100-S-CM-LB）产品部分特性

① 前后盖带固定式防撞垫，可减少气缸的换向撞击；

② 多种后盖形式，使气缸安装更方便；

③ 前后盖与不锈钢缸体采用铆合滚包结构，连接可靠；

④ 不锈钢材质的活塞杆及缸体，使气缸能够适应一般腐蚀性工作环境；

⑤ 多种规格的气缸及气缸安装附件可供客户选择使用。

（3）双轴气缸（TN16X175-S）产品部分特性

① 埋入式本体安装固定形式，节省安装空间；

② 具有一定的抗弯曲及抗扭转性能，能承受一定的侧向负载；

③ 固定板三面均有气孔安装孔，便于多位置加载；
④ 本体前端防撞可调整气缸行程，并缓解撞击。
（4）紧凑型气缸（ACPS16X60-B）产品部分特性
① 气缸缸体与前后盖螺纹连接，强度好，维修方便；
② 缸体内径精加工后再作硬质氧化处理，耐磨、耐久性好；
③ 活塞密封采用异性双向密封结构，尺寸紧凑，有储油功能；
④ 紧凑型结构，能有效节省安装空间；
⑤ 缸体周边带有磁感应开关槽，安装感应开关方便。

4.2.2 第二站：无杆气缸分拣站

第二站如图 4-11 所示。

图 4-11 第二站

主要功能：完成将废品加工件剔除，合格加工件搬运至下一站。
主要机构：无杆气缸机械手机构和废品回收机构。
主要使用的气动元件：见表 4.2。

表 4.2 元件明细（第二站）

序 号	名 称	数 量	供应商	作 用
1	双轴气缸	1	Airtac	伸出，使气爪抓取加工件
2	气动手指	1	Airtac	抓取加工件
3	超薄气缸	1	Airtac	推废料至废料仓
4	磁耦合无杆气缸	1	Airtac	长距离运输加工件
5	电磁阀	1	Airtac	控制无杆气缸
6	电磁阀	1	Airtac	控制双轴气缸
7	电磁阀	2	Airtac	分别控制气爪和超薄气缸
8	阀岛	1	Airtac	固定集成各电磁阀
9	气源处理	1	Airtac	控制该站气源气压
10	手滑阀	1	Airtac	开启/切断该站气源

1. 各机构动作简要流程顺序

当上一站加工件检测完毕后,无杆气缸移至加工件上方,双轴气缸伸出,气爪将加工件抓住,双轴气缸缩回;若上一站传输的信号显示本加工件为废料,则无杆气缸停在废料仓上方,双轴气缸伸出,气爪松开废料,随后废料被超薄气缸推入废料仓。若上一站传输的信号显示本加工件为良品,则直接传输到下一站待加工工位。本站机构如图 4-12 所示。

图 4-12 机构

2. 该站电控说明

按正常流程工作。

3. 气缸特性举例

(1) 双轴气缸(TR16X70-S)产品部分特性

① 不回转精度高,活塞杆前段绕度小,适用于精确导向;
② 采用加长形滑动支撑导向,无需另外加油润滑,导向性能好;
③ 固定板有三面均有安装孔,便于多位置加载;
④ 具有一定的抗弯曲及抗扭转性能,能承受一定的侧向负载;
⑤ 气缸两侧有两组进、排气口供实时需要选用;
⑥ 本体前端防撞垫可调整气缸行程,并缓解撞击。

(2) 气动手指(HFZ16)产品部分特性

① 采用一体化设计的线性导轨,刚性高、精度高;
② 线性导轨底部附定位销,防止导轨与本体偏离;
③ 本体附带的固定基准准心孔更深,提升固定精度,提高重复拆装定位的一致性。

(3) 超薄气缸(ACQS16X60)产品部分特性

① 缸体前后盖,活塞与活塞杆采用铆合结构,紧凑可靠;
② 缸体内径滚压处理后再作硬质氧化处理,耐磨,耐久性好;
③ 活塞密封采用异性双向密封结构,尺寸紧凑,有储油功能;

④ 紧凑型结构，能有效节省安装空间；
⑤ 缸体周边带有磁感应开关槽，安装感应开关方便。
（4）磁耦合无杆气缸（RMS20X800）产品部分特性
① 磁耦合无杆气缸，活塞与滑块之间无机械连接，密封性能优异；
② 活塞的动作通过磁耦合力传递到外部滑块，无需活塞杆，安装空间比普通气缸少，最大行程比普通气缸大；
③ 气缸两端带有可调节缓冲及固定缓冲装置，换向动作平稳无冲击，同时避免机械损伤；
④ 活塞腔与滑块隔开，防止灰尘与污物进入系统，延长气缸的使用寿命。

4.2.3 第三站：加工站（四工位分度盘）

第三站如图4-13所示。

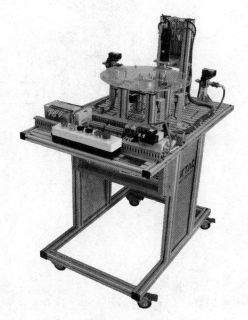

图4-13 第三站

主要功能：完成用气动分度盘将工件在四个工位间转换，模拟电动螺丝紧固。
主要机构：转盘机构和模拟加工机构。
主要使用的气动元件：见表4.3。

表4.3 气动元件明细（第三站）

序号	名 称	数量	供应商	作 用
1	三轴气缸	1	Airtac	下降，使电动螺丝刀开始加工已到位加工件
2	迷你气缸	1	Airtac	顶紧待加工件
3	电磁阀	2	Airtac	控制各气缸
4	底出式阀岛	1	Airtac	固定集成电磁阀，并预留一个阀位
5	气源处理	1	Airtac	调节该站气源气压
6	手滑阀	1	Airtac	开启/切断该站气源

1. 各机构动作简要流程顺序

加工件由上一站运输到该站转盘第一工位（见图 4-14），此工位下侧的接近开关感应到待加工件到位后，将信号传送到 PLC，后者接收信号控制步进电机转动 90°到第二工位；停止后，迷你气缸伸出顶紧待加工件，然后三轴气缸下压，将电动螺丝刀送至预定位置后，开始加工此处加工件。随后，PLC 控制步进电机转 90°，第三工位下侧的接近开关感应到有工件到位后，将信号传输至下一站 PLC，其相应的机构将加工件运输到下一站。

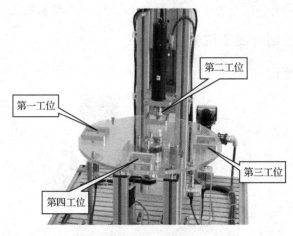

图 4-14　工位

2. 该站电控流程

按正常流程工作。

3. 气缸特性

（1）三轴气缸（TN20X75-S）产品部分特性

① 两根专用轴承钢制作的导杆，用直线轴承导向，具有高的抗扭转及抗侧向载荷能力；

② 驱动单元与导向单元设计在同一本体内，不需要额外的附件，且进气接口可选择，安装更方便；

③ 本体底部、本体后端面及固定板上均有两个高精度定位孔，对更高精度要求的场合，提供更高精度的定位安装；

④ 本体上的四个磁感应开关沟槽，提供感应开关的多种安装方式；

⑤ 本体的特别设计，提供多方位的安装固定型式。

（2）迷你气缸（PB10X60-S-U）产品部分特性

① 属于小型气缸，结构紧凑，体积小，重量轻；

② 活塞杆导向精度高，导向轴承无需加润滑油；

③ 不锈钢材质的活塞杆及本体，使气缸能适应一般腐蚀性工作环境；

④ 缸径小、反应快，可适用于较高频率的工作环境。

4.2.4 第四站：气动机械手、输送带工作站

第四站如图 4-15 所示。

图 4-15 第四站

主要功能：完成从上一站抓起加工件，旋转角度放入传送工位，并传递到下一工位。
主要机构：旋转机构，传送带机构。
主要使用的气动元件：见表 4.4。

表 4.4 气动元件明细（第四站）

序号	名　　称	数量	供应商	作　　用
1	双轴气缸	1	Airtac	伸出到位，运输加工件
2	回转气缸	1	Airtac	使加工件传递到下一机构
3	多位置固定型气缸	1	Airtac	伸出，使气动手指能够抓取到加工件（伸出距离可调）
4	气动手指	1	Airtac	抓取加工件
5	电磁阀	1	Airtac	控制回转气缸
6	电磁阀	2	Airtac	分别控制双轴气缸和多位置固定型气缸
7	电磁阀	1	Airtac	控制气动手指
8	阀岛	1	Airtac	固定集成电磁阀
9	气源处理	1	Airtac	调节该站气源气压
10	手滑阀	1	Airtac	开启/切断该站气源

1．各机构动作简要流程顺序

双轴气缸和多位置固定型气缸分别伸出，气动手指抓取加工件，然后多位置固定型气缸和双轴气缸分别缩回，回转气缸摆动 90°，将加工件放置在指定位置，经过对射式传感器后，电动机运转，由皮带线将加工件运送至下一站，在通过下一组对射式传感器几秒后，加工件

到达指定位置，如图 4-16 所示。

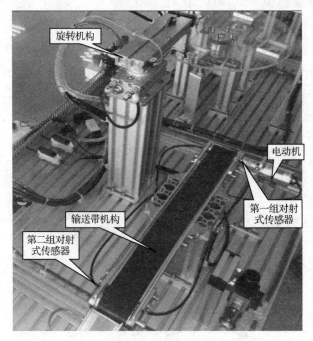

图 4-16　各动作流程

2．该站电控说明

按正常流程工作。

3．气缸特性举例

（1）多位置固定型气缸（MKJ20X50-10-S）产品部分特性

① 本体有多种固定形式，安装使用简要；

② 可以多个气缸并在一起固定，有效节省安装空间；

③ 活塞杆导向精度高，无需另加润滑油；

④ 配有活塞杆固定块，可保证活塞杆不回转。

（2）气动手指（HFY16）产品部分特性

① 采用单独活塞结构，夹持力矩大；

② 自带可变节流阀，调节夹爪开闭速度方便；

③ 合理的夹持角度，实际使用范围宽广；

④ 精确的定位精度，夹取工件时更加准确可靠；

⑤ 多种形式的安装方式，方便不同场合的使用；

⑥ 所有系列均附磁石，便于控制。

（3）回转气缸（HRQ20）产品部分特性

① 齿轮齿条结构，运转平稳；

② 双气缸结构，能实现双倍力；

③ 工作台加工精度高，负载安装方便，定位准确；

④ 工作台中间有通孔，可由此孔配管；
⑤ 气缸本体两面均有定位孔，安装使用方便。

4.2.5 第五站：气垫滑道、装配站

第五站如图4-17所示。

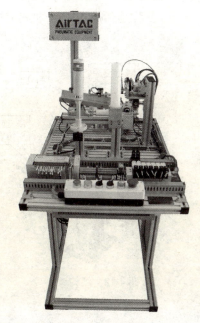

图4-17 第五站

主要功能：完成选择要安装工件的料仓，将工件从料仓中推出，完成装配，输送至下一站。

主要机构：装配机构，装料机构，推料机构。

主要使用的气动元件：见表4.5。

表4.5 气动元件明细（第五站）

序 号	名 称	数量	厂 商	作 用
1	三轴气缸	1	Airtac	将加工件提升
2	迷你气缸	1	Airtac	调整加工件装配位置
3	迷你气缸	1	Airtac	调整加工件装配位置
4	多位置固定型气缸	1	Airtac	将工件从料仓中推出
5	回转气缸	1	Airtac	运输工件
6	电磁阀	2	Airtac	控制相应的气缸
7	电磁阀	5	Airtac	控制相应的气缸或气垫
8	底出式阀岛	1	Airtac	固定集成电磁阀
9	气源处理	1	Airtac	调节该站气源气压
10	手滑阀	1	Airtac	开启/切断该站气源

1. 各机构动作简要流程顺序

当加工件输送至该站滑道前段时，滑道通气，形成气垫，减少加工件与滑道之间的摩擦力，使加工件能够匀速下滑至装配区；然后三轴气缸抬升加工件，经过 2 个迷你气缸对加工件位置的调整，准备装备小工件；与此同时，多位置固定型气缸将小加工件推出，由漫反射镜面传感器检测有小工件到位（该机构见图 4-18），回转气缸摆动摆臂，由真空吸盘将小工件吸起，再摆至加工件处，并装配，完成整个装配过程。随后，由下一机构完成后续的入库工作。

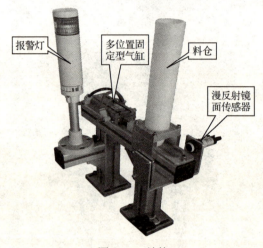

图 4-18 结构

2. 气垫滑道简要受力分析

令加工件重量为 mg，滑道坡度为 $a°$，摩擦系数为 μ，不计空气阻力。

当加工件静止在滑道上时，气垫通气，为满足加工件匀速下滑，则需要满足关系 $f = \mu mg\cos a = mg\sin a$，故 $\tan a = \mu$。而对于该设备可能会出现尼龙材料和金属材料，两者各自与滑道的摩擦系数也不同，会产生不同的要满足匀速下滑的 a 值。经过反复做下滑测试，调节气压为 0.4MPa，得到如表 4.6～表 4.8 所示实验数据，表格记录的是加工件下滑反弹后的距离数据 (mm)。

表 4.6 当 $a=45°$ 时工件下滑反弹后的距离 (mm)

材料\次数	1	2	3	4	5	6	7
尼龙	11	12	10	13	12	11	13
金属	15	17	16	19	18	18	19

表 4.7 当 $a=30°$ 时工件下滑反弹后的距离 (mm)

材料\次数	1	2	3	4	5	6	7
尼龙	8	7	6	8	6	7	8
金属	10	11	13	12	10	10	11

表 4.8　当 $a=20°$ 工件下滑反弹后的距离（mm）

材料＼次数	1	2	3	4	5	6	7
尼龙	2	2	3	2	3	2	2
金属	4	5	4	6	4	5	5

经过简要的实验数据对比，得出 a 选取 $20°\sim25°$，较为合理。

3. 电控说明

第五站的小工件料仓中没有小工件时，红色报警灯闪烁，设备停止工作（同时真空吸盘停气），同时开始灯闪烁，当放入小工件并按下开始按钮时，设备开始工作。

4.2.6　第六站：电缸机械手分类入库站（六工位）

第六站如图 4-19 所示。

主要功能：完成按工件类型分类，将工件推入仓库存储。

主要机构：入库机构和仓库机构。

主要使用的气动元件：见表 4.9。

图 4.19　第六站

表 4.9　气动元件（第六站）

序号	名称	数量	厂商	作用
1	气动手指	1	Airtac	抓取转配后的加工件
2	双轴气缸	1	Airtac	输送装配后加工件
3	回转气缸	1	Airtac	使气动手指在指定两位置之间摆动
4	三轴气缸	1	Airtac	使加工件在仓库上下分别两侧入库
5	电磁阀	3	Airtac	分别控制相应的气缸
6	电磁阀	1	Airtac	控制气动手指
7	阀岛	1	Airtac	固定集成电磁阀
8	气源处理	1	Airtac	调节该站气源气压
9	手滑阀	1	Airtac	开启/切断该站气源

1. 各机构动作简要流程顺序

双轴气缸伸出，三轴气缸下降，气动手指抓取装配好的加工件；三轴气缸抬升，双轴气缸缩回，回转气缸摆动 180°，电缸根据 PLC 输出给第一站的检测信息，将装配好的加工件入库处理。如果第一层装满（6 套加工件），则三轴气缸缩回，将装配好的加工件在下一层中入库。本站机构如图 4-20 所示。

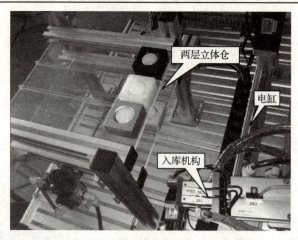

图 4-20 机构

2. 电控说明

正常工作时,绿色警示灯常亮,工件优先放在上面一层仓库,当上面一层工件放满后才开始放入下层仓库,当下层仓库的其中一种工件放满后,黄色报警灯开始闪烁,提醒工作人员注意,当一种工件放满,而且这种工件继续送来时,则系统停止工作,此时,红色报警灯和复位指示灯闪烁,当把料仓中的工件清除并按下复位按钮后设备正常工作。

3. 发散与扩展

该站由于电缸的加入,使其具有很高的灵活性,如满足电缸行程内的条件,可增加一处储料仓,即四个储料仓,可选择白色尼龙加工件、黑色尼龙加工件、铝制加工件、铜制加工件。

4.3 电控部分其他相关使用说明

PLC 具有控制传输系统的功能,加之其还具有更高级的通信功能来控制其他工作站,还可以定义 I/O 接口,因此能够实现控制系统需要的各种功能。

(1) 本套 MPS 采用先进的 PLC 对各单站和总线进行控制。
(2) 各站 I/O 点分配表详见附录。I/O 标准接口保证通信 I/O 端口有利于所有的操作位置。
(3) 本 MPS 在第六站还配有触摸屏,可实现系统运行信息的显示和各站的动画演示,还可通过触摸屏实现人机操作。
(4) 各站之间采用端子接线式,方便单站独立调试及多站组合通信。

第5章 模块式自动化生产线的动作实现及调试

5.1 模块分站的上电准备

模块式自动化生产线可以分成电路部分和机械部分，在运行生产线之前，各部分需要做的工作如下：

(1) 上电前的检查

电路是在切断电源的情况下连接的。

通常电路连接总会存在或多或少的问题，上电前的检查工作也就变得非常重要。通常分为短路检查，断路检查，对地绝缘检查。

推荐用万能表一根一根地检查，这样花费的时间最长，但是检查是最完整的。

(2) 上电前的电源电压检查

为了减少不必要的损失，一定要在通电前进行输入电源的电压检查，是否与原理图所要求的电压一致。对于有 PLC、变频器等价格昂贵的电气元件一定要认真执行这一步骤，避免电源的输入输出反接。

建议打开电源总开关之前，先进行一次电压的测量，并记录。

(3) 检查 PLC 的输入/输出。

(4) 下载程序。

下载的程序包括 PLC 程序、触摸屏程序、显示文本程序等。将写好的程序下载到相应的系统内，并检查系统的报警。调试工作不会很顺利的，总会出现一些系统报警，一般是因为内部参数没设定或是外部条件构成了系统报警的条件。这就要根据调试者的经验进行判断，首先对配线再次检查以确保正确。如果还不能解决故障报警，就要对 PLC 等的内部程序进行详细的分析，逐步分析以确保正确。

(5) 参数的设定。

参数设定包括步进电机，伺服电机等的参数，并记录。

(6) 设备功能的调试。

排除上电后的报警后就要对设备功能进行调试了。首先要了解设备的工艺流程，然后进行手动空载调试。手动工作动作无误后再进行自动的空载调试。

空载调试完毕后，进行带载的调试。并记录调试电流、电压等的工作参数。

调试过程中，不仅要调试各部分的功能，还要对设置的报警进行模拟，确保故障条件满足时能够实现真正的报警。

(7) 系统的联机调试。

完成单台设备的调试后再进行前机与后机的联机调试。

(8) 连续长时间的运行。来检测设备工作的稳定性。

(9) 调试完毕。设备调试完毕，要进行报检。并对调试过程中的各种记录备档，检查该设备系统的完整性。缺损件及时修复或补装。

对于机械部分，第一次使用该设备前，请将各气缸上的排气节流型接头调节至最小气压。

5.2 模块分站独立运行

下面以单站自动循环为例，讲解各站 PLC 程序的编制及调试。

1. 第一站（双料仓上料检测站）

第一站工作过程如下：按下电源按钮，给 PLC 供电，然后按下复位按钮，各个运动部件复位到原点位置。在选择开关选择单站+自动的模式下，按启动按钮，进入单站自动循环工作状态。

首先气缸 2 伸出，推动工件从料仓到检测工位，工件到达检测工位后，气缸 3 伸出，检测工件是否有盲孔。

1) 该站各机构动作简要流程顺序

工艺流程见图 5-1。

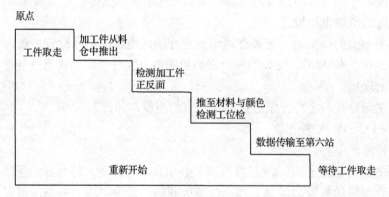

图 5-1 第一站工艺流程图

2) 现场外部信号与 PLC 的连线

现场外部信号与 PLC 的连线见表 5.1。

3) 机构动作

机构动作顺序见表 5.2。

4) 动作实现的程序

动作实现的程序见图 5-2。

在步进顺序控制图中，LAD-0 为前置的梯形图，内部主要为各个工作站的通信功能，触摸屏的远程控制功能，复位功能，中间步进顺序控制图的引导功能等。

本站采用选择性分支处理料仓在左右两端的情况，这种处理方法简单便行，模块化程度高，编程简洁。下面介绍前置的梯形图中一些主要功能的编程技巧。

初始状态 S0 可由 PLC 启动初始化脉冲特殊辅助继电器 M1002 引导进入。正常情况也可以在设备复位后引导进入。

第 5 章 模块式自动化生产线的动作实现及调试

初始正向（RUN的瞬间'On'）脉冲

表 5.1 外部信号与 PLC 的连线表（第一站）

输入			输出		
线号	内部继电器	说明	线号	内部继电器	说明
P1.0	X0	开始	P1.30	Y0	1 缩
P1.1	X1	复位	P1.31	Y1	1 伸
P1.2	X2	手/自	P1.32	Y2	2 伸
P1.3	X3	单/联	P1.33	Y3	3 伸
P1.4	X4	上电	P1.34	Y4	4 伸
P1.5	X5	1 缩	P1.35	Y10	开始按钮灯
P1.6	X6	1 伸	P1.36	Y11	复位按钮灯
P1.7	X7	2 缩	P1.37	Y14	绿灯
P1.8	X10	2 伸	P1.38	Y15	黄灯
P1.9	X11	3 缩	P1.39	Y16	红灯
P1.10	X12	3 伸			
P1.11	X13	4 缩			
P1.12	X14	4 伸			
P1.13	X15	颜色检测			
P1.14	X16	材料检测			
P1.15	X17	工件到位			

表 5.2 动作顺序表（第一站）

工 序	动 作	输入条件	输 出 状 态									
			Y01 缩	Y11 伸	Y22 伸	Y33 伸	Y44 伸	Y10 开始灯	Y11 复位灯	Y14 绿灯	Y15 黄灯	Y16 红灯
出料		开始/工件取走	−	−	+	−	−					
检测缸降		出料缸伸出	−	−	−	+	−					
移动料仓	料仓在左	延时 2 秒	−	+	−	−	−					
	料仓在右	延时 2 秒	+	−	−	−	−					
送料		料仓到位	−	−	−	−	+					
工件到位		工件到位（x17）										
工件取走		工件取走（x17）	−	−	−	−	−					

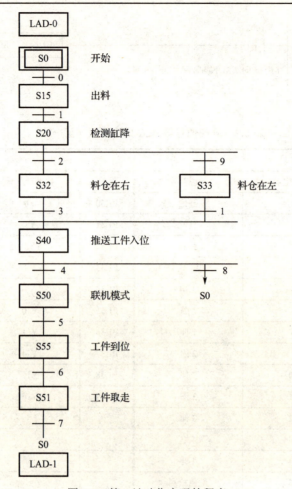

图 5-2 第一站动作实现的程序

在编写复位功能程序时，不仅仅要保证机械结构位置回到原点，也必须保证使用的各个寄存器初始化。下面的例子中采用 ZRST 指令对所有的状态寄存器 S0-S899 进行状态清零。

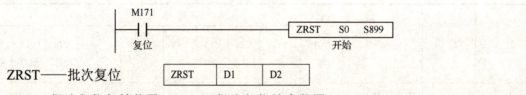

ZRST——批次复位

D1——批次复位起始装置；D2——批次复位结束装置

指令执行时 D1 操作数编号到 D2 操作数编号的区域里清除。当 D1 操作数编号＞D2 操作数编号时，只有 D2 指定的操作数被清除。

2. 第二站（无杆气缸分拣站）

第二站工作过程如下：按下电源按钮，给 PLC 供电，然后按下复位按钮，各个运动部件复位到原点位置。在选择开关选择单站+自动的模式下，按启动按钮，进入单站自动循环工作状态。

第一站加工件检测完毕后，无杆气缸移至加工件上方，双轴气缸伸出，气爪将加工件抓住，双轴气缸缩回；若第一站传输的信号显示本加工件为废料，则无杆气缸停在废料仓上方，双轴气缸伸出，气爪松开废料，随后废料被超薄气缸推入废料仓。若第一站传输的信号显示本加工件为良品，则直接传输到第三站待加工工位。

1）该站各机构动作简要流程顺序

工艺流程见图 5-3。

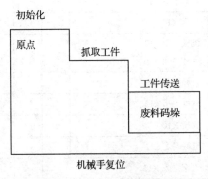

图 5-3　第二站工艺流程图

2）现场外部信号与 PLC 的连线

现场外部信号与 PLC 的连线见表 5.3。

表 5.3　现场外部信号与 PLC 的连线（第二站）

输入			输出		
线 号	内部继电器	说 明	线 号	内部继电器	说 明
P2.0	X0	开始	P2.30	Y0	1 缩
P2.1	X1	复位	P2.31	Y1	1 伸
P2.2	X2	手动/自动	P2.32	Y2	2 缩
P2.3	X3	单站/联网	P2.33	Y3	2 伸
P2.4	X4	上电	P2.34	Y4	3 伸
P2.5	X5	无杆缸（左）	P2.35	Y5	4 伸
P2.6	X6	无杆缸（中）	P2.36	Y10	开始按钮灯
P2.7	X7	无杆缸（右）	P2.37	Y11	复位按钮灯
P2.8	X10	2 缩			
P2.9	X11	2 伸			
P2.10	X12	3 缩			
P2.11	X13	3 伸			
P2.12	X14	4 缩			
P2.13	X15	4 伸			
P2.14	X16	气爪检测			

3）机构动作

机构动作顺序见表 5.4。

表 5.4 动作顺序表（第二站）

工 序	动 作	输入条件	输出状态							
			Y0	Y1	Y2	Y3	Y4	Y5	Y10	Y11
初始化	检查设备状态	PLC 上电	−	−	−	−	−	−	+	
抓取工件	机械手向下	开始 X0/上序工件到位	−	−	−	−	+	−	−	
	手指夹紧	机械手下 x13	−	−	−	+	+	−	−	
	机械手向上	夹紧 X11	−	−	−	−	−	−	−	
废料码垛	无杆缸停止	机械手上 x12 +M112 非	−	−	+	−	−	−	−	
	机械手向下	无杆中位 X6	−	−	−	−	+	−	−	
	手指放松	机械手下 x13	−	−	+	−	+	−	−	
	机械手向上	放松 X10	−	−	−	−	−	−	−	
	废料码垛	机械手上 x12	−	−	−	−	−	+	−	
	机械手复位	码垛完成 X15	+	−	−	−	−	−	−	
工件传送	无杆缸停止	机械手上 x12 +M112	−	−	−	−	−	−	−	
	机械手向下	无杆右位 X7	−	−	−	−	+	−	−	
	手指放松	机械手下 x13	−	−	−	+	+	−	−	
机械手复位	机械手向上	放松 X10	−	−	−	−	−	−	−	−
	回原点	机械手上 x12	+	−	−	−	−	−	−	−

4）动作实现的程序

动作实现的程序见图 5-4。

3. 第三站（四工位分度盘加工站）

第三站工作过程如下：按下电源按钮，给 PLC 供电，然后按下复位按钮，各个运动部件复位到原点位置。在选择开关选择单站+自动的模式下，按启动按钮，进入单站自动循环工作状态。

加工件由第二站运输到该站转盘第一工位（见图 3-2），此工位下侧的接近开关感应到待加工件到位后，将信号传送到 PLC，后者接收信号控制步进电机转动 90°到第二工位；停止后，迷你气缸伸出顶紧待加工件，然后三轴气缸下压，将电动螺丝刀送至预定位置后，开始加工此处加工件。随后，PLC 控制步进电机转 90°，第三工位下侧的接近开关感应到有工件到位后，将信号传输至第四站 PLC，其相应的机构将加工件运输到第四站。

1）该站各机构动作简要流程顺序

工艺流程见图 5-5。

第5章 模块式自动化生产线的动作实现及调试

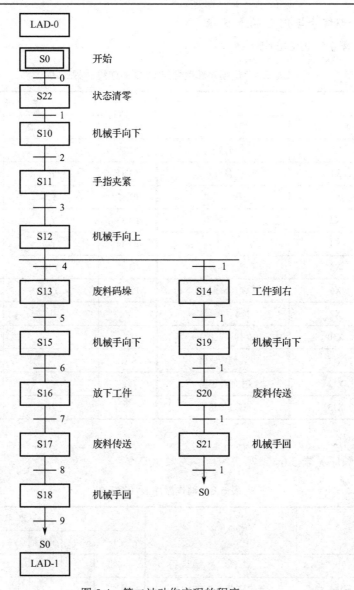

图 5-4 第二站动作实现的程序

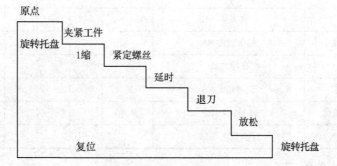

图 5-5 第三站工艺流程图

2）现场外部信号与 PLC 的连线

现场外部信号与 PLC 的连线见表 5.5。

表 5.5 现场外部信号与 PLC 的连线（第三站）

输入			输出		
线号	内部继电器	说明	线号	内部继电器	说明
P3.0	X0	开始	P3.30	Y0	步进（脉冲）
P3.1	X1	复位	P3.31	Y1	步进（方向）
P3.2	X2	手动/自动	P3.32	Y2	1 伸（钻头向下）
P3.3	X3	单站/联网	P3.33	Y3	2 伸（向前夹紧）
P3.4	X4	上电	P3.34	Y4	检测电机
P3.5	X5	1 缩（钻头上）	P3.37	Y10	开始按钮灯
P3.6	X6	1 伸（钻头下）	P3.38	Y11	复位按钮灯
P3.7	X7	2 缩（夹紧）			
P3.8	X10	2 伸（放松）			
P3.9	X11	左侧传感器			
P3.10	X12	中间传感器			
P3.11	X13	右边传感器			

3）机构动作

机构动作顺序见表 5.6。

表 5.6 动作顺序表（第三站）

工序	动作	输入条件	输出状态					
			Y0	Y1	Y2	Y3	Y4	Y10	Y11
初始化			−	+	−	−	−	+	−
	旋转托盘	复位完成/有工件 X11	脉冲	+	−	−	−	−	−
	夹紧工件	托盘到位 X12	−	+	−	+	−	−	−
	孔加工	工件夹紧 X10	−	+	+	+	+	−	−
	延时	钻头到位 X6	−	+	+	+	−	−	−
	退刀	延时完成	−	+	−	+	−	−	−
	放松	退刀完成 X5	−	+	−	−	−	−	−
	旋转托盘	工件放松 X7	脉冲	+	−	−	−	−	−
	复位	工件取走 X13	−	+	−	−	−	−	−

4）动作实现的程序

动作实现的程序见图 5-6。

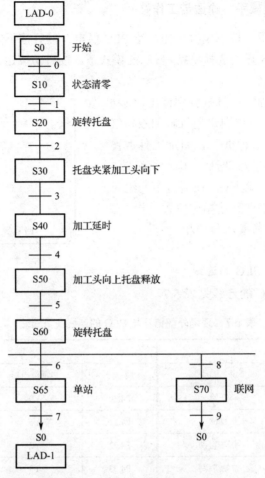

图 5-6　第三站动作实现的程序

步进电机接收步进驱动器给过来的脉冲信号，对于两相的步进，AB 相分别轮流输出正反脉冲（按一定顺序），步进电机就可以运行了，相当于一定的脉冲步进马达对应一定旋转角度。而 PLC 也可以发出脉冲，但脉冲电压不够，所以需要通过步进驱动器将 PLC 输出的脉冲放大来驱动步进电机，相当于 PLC 的脉冲就是指令脉冲。一般 PLC 驱动步进时有两路信号，一路是角度脉冲，另外一路是方向脉冲。

PLC 利用脉冲指令，发梯形脉冲给步进驱动器。

PLSY	S1	S2	D

PLSY——脉冲输出指令；S1——脉冲输出频率；S2——脉冲输出数目；D——脉冲输出装置（请使用输出模块为晶体管输出）。

指令说明：PLSY 指令执行时，指定 S1 脉冲输出频率由 D 脉冲输出装置输出 S2 脉冲输出数目。

当 PLSY 指令执行后，Y 开始作脉冲输出，此时，若改变 S2，对目前的输出是没有影响的。若要改变脉冲输出数目，须先将 PLSY 指令停止，然后再改变脉冲输出数目。

S1 可在 PLSY 指令执行时更改。在程序执行到被执行的 PLSY 指令时，更改发生作用。

4．第四站（气动机械手、输送带工作站）

第四站工作过程如下：按下电源按钮，给 PLC 供电，然后按下复位按钮，各个运动部件复位到原点位置。在选择开关选择单站+自动的模式下，按启动按钮，进入单站自动循环工作状态。

双轴气缸和多位置固定型气缸分别伸出，气动手指抓取加工件，然后多位置固定型气缸和双轴气缸分别缩回，回转气缸摆动 90°，将加工件放置在指定位置，经过对射式传感器后，电动机运转，由皮带线将加工件运送至第五站，在通过下一组对射式传感器几秒后，加工件到达指定位置。

1）该站各机构动作简要流程顺序

工艺流程图见图 5-7。

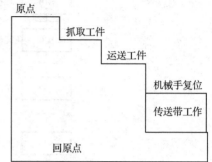

图 5-7　第四站工艺流程图

2）现场外部信号与 PLC 的连线

现场外部信号与 PLC 的连线见表 5.7。

表 5.7　现场外部信号与 PLC 的连线（第四站）

输入			输出		
线　号	内部继电器	说　明	线　号	内部继电器	说　明
P4.0	X0	开始	P4.30	Y0	1 缩（回转）
P4.1	X1	复位	P4.31	Y1	1 伸（回转）
P4.2	X2	手动/自动	P4.32	Y2	2 缩（水平）
P4.3	X3	单站/联网	P4.33	Y3	2 伸（水平）
P4.4	X4	上电	P4.34	Y4	3 缩（手指松）
P4.5	X5	1 缩（回转）	P4.35	Y5	3 伸（手指紧）
P4.6	X6	1 伸（回转）	P4.36	Y6	4 伸（机械手向下）
P4.7	X7	2 缩（水平）	P4.37	Y7	皮带电机继电器
P4.8	X10	2 伸（水平）	P4.38	Y10	开始按钮灯
P4.9	X11	3 缩（手指紧）	P4.39	Y11	复位按钮灯
P4.10	X12	3 伸（手指松）			
P4.11	X13	4 缩（机械手在上）			
P4.12	X14	4 伸（机械手在下）			
P4.13	X15	光纤 1			
P4.14	X16	光纤 2			

3）机构动作

机构动作顺序见表 5.8。

表 5.8 动作顺序表（第四站）

工序	动作	输入条件	输出状态									
			Y0	Y1	Y2	Y3	Y4	Y5	Y6	Y7	Y10	Y11
初始化			−	−	−	−	−	−	−	+	−	−
机械手抓取工件	水平伸	机械手在上 X13	−	+	−	+	−	+	−	−	−	−
	向下伸	水平到位 X10	−	+	−	+	−	+	+	−	−	−
	手指夹紧	向下到位 X14	−	+	−	+	+	−	+	−	−	−
	向上缩	手指夹紧 X12	−	+	+	−	+	−	−	−	−	−
	水平缩	向上到位 X13	−	+	+	−	−	−	−	−	−	−
运送工件	正向回转	水平到位 X7	+	−	−	−	−	−	−	−	−	−
	向下伸	回转到位 X6	+	−	−	+	+	−	+	−	−	−
	手指放松	向下到位 X14	+	−	−	−	−	−	−	−	−	−
机械手复位	向上缩	手指放松 X11	+	−	−	−	+	−	−	−	−	−
	反向回转	向上到位 X13	−	−	−	−	−	−	−	−	−	−
传送带工作	传送带转	光纤传感器1 X15	−	−	−	−	−	−	−	+	−	−
	传送带停	光纤传感器2 X16	−	−	−	−	−	−	−	−	−	−
回原点		回转到位 X5	−	+	−	−	−	−	−	−	−	−

4）动作实现的程序

动作实现的程序见图 5-8。

5. 第五站（气垫滑道、装配站）

第五站工作过程如下：按下电源按钮，给 PLC 供电，然后按下复位按钮，各个运动部件复位到原点位置。在选择开关选择单站+自动的模式下，按启动按钮，进入单站自动循环工作状态。

当加工件输送至该站滑道前段时，滑道通气，形成气垫，减少加工件与滑道之间的摩擦力，使加工件能够匀速下滑至装配区；然后三轴气缸抬升加工件，经过 2 个迷你气缸对加工件位置的调整，准备装备小工件；与此同时，多位置固定型气缸将小加工件推出，由漫反射镜面传感器检测有小工件到位，回转气缸摆动摆臂，由真空吸盘将小工件吸起，再摆至加工件处，并装配，完成整个装配过程。随后，由下一机构完成后续的入库工作。

第五站的小工件料仓中没有小工件时，红色报警灯闪烁，设备停止工作（同时真空吸盘停气），同时开始灯闪烁，当放入小工件并按下开始按钮时，设备开始工作。

1）该站各机构动作简要流程顺序

工艺流程见图 5-9。

2）现场外部信号与 PLC 的连线

现场外部信号与 PLC 的连线见表 5.9。

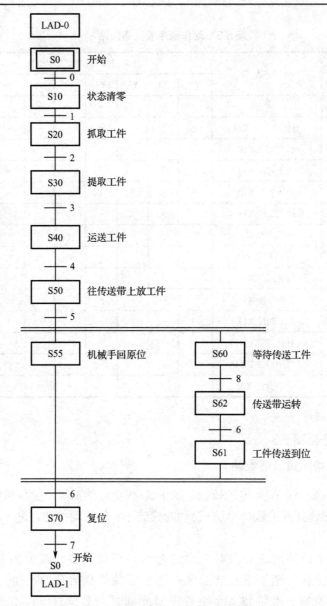

图 5-8　第四站动作实现的程序

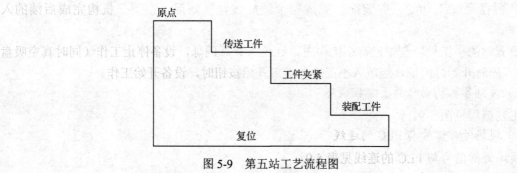

图 5-9　第五站工艺流程图

第 5 章 模块式自动化生产线的动作实现及调试

表 5.9 现场外部信号与 PLC 的连线（第五站）

输入			输出		
线号	内部继电器	说明	线号	内部继电器	说明
P5.0	X0	开始	P5.30	Y0	1 缩（回转）
P5.1	X1	复位	P5.31	Y1	1 伸（回转）
P5.2	X2	手动/自动	P5.32	Y2	2 放（吸盘）
P5.3	X3	单站/联网	P5.33	Y3	2 吸（吸盘）
P5.4	X4	上电	P5.34	Y4	3 伸（送装配件）
P5.5	X5	1 前（回转）	P5.35	Y5	4 伸（平台向上）
P5.6	X6	1 后（回转）	P5.36	Y6	气垫
P5.7	X7	2 吸（吸盘）	P5.37	Y7	6 伸（向前夹紧）
P5.8	X10	3 缩（装配件）	P5.38	Y10	7 伸（向右夹紧）
P5.9	X11	3 伸（装配件）	P5.39	Y14	开始按钮灯
P5.10	X12	4 缩（平台在下）	P5.40	Y15	复位按钮灯
P5.11	X13	4 伸（平台在上）	P5.41	Y16	单色黄灯
P5.12	X14	6 缩（前后夹紧）			
P5.13	X15	6 伸（前后夹紧）			
P5.14	X16	7 缩（左右夹紧）			
P5.15	X17	7 伸（左右夹紧）			
P5.16	X20	限位开关			
P5.17	X21	光纤传感器			
P5.18	X22	镜面传感器			

3）机构动作

机构动作顺序见表 5.10。

表 5.10 动作顺序表（第五站）

工序	动作	输入条件	输出状态										
			Y0	Y1	Y2	Y3	Y4	Y5	Y6	Y7	Y10	Y14	Y15	Y16
传送工件	等待工件	初始化	−	−	−	−	−	−	−	−	−	+	−	−
	气垫出风	工件到位	−	−	−	−	−	−	+	−	−	−	−	−
	延时	气垫出风	−	−	−	−	−	−	−	−	−	−	−	−
工件夹紧	向前夹紧	延时 3 秒	−	−	−	−	−	−	−	+	−	−	−	−
	工作台上升	向前夹紧	−	−	−	−	−	+	−	+	−	−	−	−
	向右夹紧	工作台上升	−	−	−	−	−	+	−	+	+	−	−	−
装配工件	吸盘后转	向右夹紧	+	−	−	−	−	+	−	+	+	−	−	−
	送装配件	吸盘后转	+	−	−	−	+	+	−	+	+	−	−	−
	吸盘前转	装配件到位	−	+	−	−	+	+	−	+	+	−	−	−
	吸盘吸	吸盘前转	−	+	−	+	+	+	−	+	+	−	−	−
	吸盘后转	吸盘吸	+	−	−	+	−	+	−	+	+	−	−	−
	吸盘释放	吸盘后转	+	−	+	−	−	+	−	+	+	−	−	−
复位	吸盘前转	吸盘释放	−	+	−	−	−	+	−	+	+	−	−	−
	放松工件		−	−	−	−	−	+	−	−	−	−	−	−
	工作台下降		−	−	−	−	−	−	−	−	−	−	−	−

4）动作实现的程序

动作实现的程序见图 5-10。

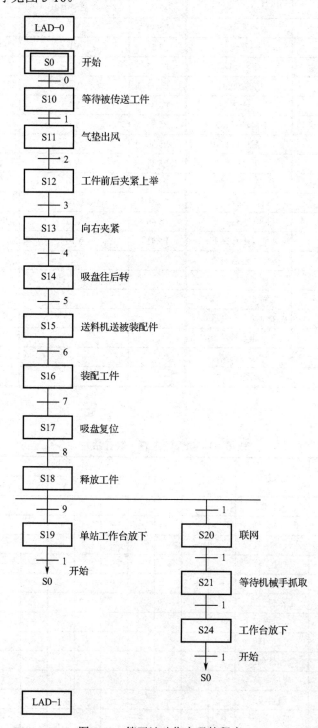

图 5-10　第五站动作实现的程序

6. 第六站（电缸机械手分类入库站）

第六站工作过程如下：按下电源按钮，给 PLC 供电，然后按下复位按钮，各个运动部件复位到原点位置。在选择开关选择单站+自动的模式下，按启动按钮，进入单站自动循环工作状态。

双轴气缸伸出，三轴气缸下降，气动手指抓取装配好的加工件；三轴气缸抬升，双轴气缸缩回，回转气缸摆动180°，电缸根据 PLC 输出给第一站的检测信息，将装配好的加工件入库处理。如果第一层装满（6 套加工件），则三轴气缸缩回，将装配好的加工件在下一层中入库。

正常工作时，绿色警示灯常亮，工件优先放在上面一层仓库，当上面一层工件放满后才开始放入下层仓库，当下层仓库的其中一种工件放满后，黄色报警灯开始闪烁，提醒工作人员注意，当一种工件放满，而且这种工件继续送来时，则系统停止工作，此时，红色报警灯和复位指示灯闪烁，当把料仓中的工件清除并按下复位按钮后设备正常工作。

1）该站各机构动作简要流程顺序

工艺流程见图 5-11。

2）现场外部信号与 PLC 的连线

现场外部信号与 PLC 的连线见表 5.11。

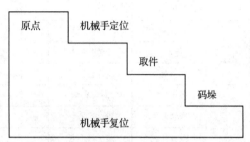

图 5-11　第五站工艺流程图

表 5.11　现场外部信号与 PLC 的连线（第六站）

输入			输出		
线 号	内部继电器	说 明	线 号	内部继电器	说 明
P6.0	X0	开始	P6.30	Y0	伺服驱动（脉冲）
P6.1	X1	复位	P6.31	Y1	伺服驱动（方向）
P6.2	X2	手动/自动	P6.32	Y2	1 缩（回转）
P6.3	X3	单站/联网	P6.33	Y3	1 伸（回转）
P6.4	X4	上电	P6.34	Y4	2 缩（水平）
P6.5	X5	1 缩（回转）	P6.35	Y5	2 伸（水平）
P6.12	X6	1 伸（回转）	P6.36	Y6	3 缩（手指夹紧）
P6.8	X7	2 缩（水平）	P6.37	Y7	3 伸（手指放松）
P6.7	X10	2 伸（水平）	P6.38	Y10	4 伸（机械手升）
P6.10	X11	3 缩（手指松）	P6.39	Y11	伺服驱动（使能）
P6.9	X12	3 伸（手指紧）	P6.41	Y12	绿灯
P6.11	X13	4 缩（机械手在下）	P6.42	Y13	黄灯
P6.6	X14	4 伸（机械手在上）	P6.43	Y14	红灯
P6.15	X15	原点	P6.44	Y16	开始按钮灯
P6.16	X16	左限位开关	P6.45	Y17	复位按钮灯
（未接）	X17	右限位开关			

3）机构动作

机构动作顺序见表 5.12。

表 5.12 动作顺序表（第六站）

工序	动作	输入条件	输出状态											
			Y0	Y1	Y2	Y3	Y4	Y5	Y6	Y7	Y10	Y14	Y15	Y16
传送工件	等待工件	初始化	-	-	-	-	-	-	-	-	-	+	-	-
	气垫出风	工件到位	-	-	-	-	-	-	+	-	-	-	-	-
	延时	气垫出风	-	-	-	-	-	-	+	-	-	-	-	-
工件夹紧	向前夹紧	延时3秒	-	-	-	-	-	-	-	+	-	-	-	-
	工作台上升	向前夹紧	-	-	-	-	-	+	-	+	-	-	-	-
	向右夹紧	工作台上升	-	-	-	-	-	-	-	-	+	+	-	-
装配工件	吸盘后转	向右夹紧	+	-	-	-	-	-	-	+	-	+	+	-
	送装配件	吸盘后转	+	-	-	-	+	-	+	-	+	+	-	-
	吸盘前转	装配件到位	-	+	-	-	+	-	+	-	+	+	-	-
	吸盘吸	吸盘前转	-	+	-	+	+	-	+	-	+	+	-	-
	吸盘后转	吸盘吸	+	-	-	+	-	-	+	-	+	+	-	-
	吸盘释放	吸盘后转	+	-	+	-	-	-	+	-	+	+	-	-
复位	吸盘前转	吸盘释放	-	+	-	-	-	-	+	-	+	+	-	-
	放松工件		-	-	-	-	-	+	-	-	-	-	-	-
	工作台下降		-	-	-	-	-	-	-	-	-	-	-	-

4）动作实现的程序

动作实现的程序见图 5-12。

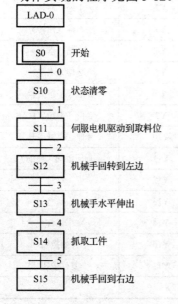

图 5-12 第六站动作实现的程序

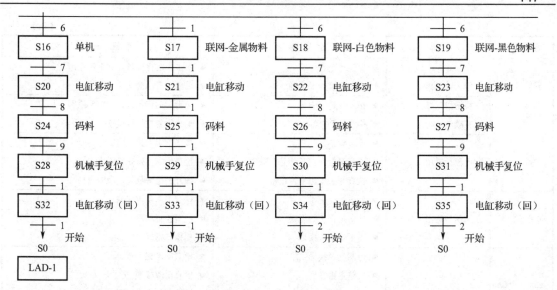

图 5-12 第六站动作实现的程序（续）

5.3 模块分站的逐级联调

本系统采用台达电子 DVP 系列小型 PLC 的 DeviceNet 主站扫描模块 DVPDNET_SL 通信模块作为工业现场的 DeviceNet 主站。结合 DeviceNet 从站功能模块，进行主从站网络的搭建，步骤为：

① 按要求完成主从站的硬件接线；

② 利用 DeviceNet 通信配置软件 DeviceNet Builder 2.00 进行组态。完成网络组态后，主站为 DNET Scanner，其余为从站；

③ 利用编程软件 WPLSoft 软件进行数据监控。

配置好通信网络后，可通过监控和设置 PLC 的相应寄存器来完成主站对从站的管理和控制。启动 WPLSoft 软件后，在装置监控窗口里设置相应寄存器的起始地址和寄存器数量，结合从站的通信地址表，就可以实时监控从站的电参量等参数。还可以设定寄存器的值，向从站下发命令，实现通信模块远程控制。

5.4 常见故障诊断及排除

故障原因判断与解决办法见表 5.13。

表 5.13 故障原因判断与解决办法

故障类型	故障现象	检查要点	处理方法
电源及指示等故障	指示灯不亮	● 电源进线是否接好 ● 指示灯是否烧坏 ● 总电源是否打开	● 重新检查电源线路 ● 换上新的指示灯，并查明原因 ● 打开总电源开关

续表

故障类型	故障现象	检 查 要 点	处 理 方 法
	指示灯亮,但设备不能正常工作	● 保险丝是否烧断 ● 线路连接是否正确	● 换上新的保险丝,并查明原因 ● 重新检查电源线路
	按钮指示灯有一个不亮或者较暗	● 指示灯是否烧坏 ● 接线是否接好	● 换上新的指示灯,并查明原因 ● 重新检查按钮灯线路
	电源无输出	● 检查设备是否启动 ● 检查漏电保护开关是否跳闸 ● 检查开关电源是否正常工作	● 按"上电"按钮启动 ● 检查供电回路正常无误 ● 如开关电源损坏,及时更换
传感器故障	无信号输出	● 供电是否正常 ● 接线是否正确无误 ● 万用表是否损坏	● 检查工作供电回路 ● 重新检查线路 ● 更换传感器
气动回路故障	气缸不工作	● 电源是否接通 ● 气路是否畅通 ● 气压是否合适 ● 电磁阀是否正常工作 ● 节流阀开度是否合适 ● 气路是否漏气 ● 气缸是否损坏	● 检查电源或上电 ● 检查电源或通气 ● 调压阀调到合适压力 ● 检查电磁阀工作电源及工作线路 ● 调整节流阀开度 ● 漏气部分是否拧紧 ● 更换气缸
气动回路故障	电磁阀不工作	● 工作电压是否正常 ● 继电器是否损坏 ● 接线是否正确 ● 控制输出是否正常	● 检查电源回路或上电 ● 更换电磁阀 ● 检查接线 ● 检查PLC控制输出
PLC故障	PLC上电后指示SF红灯闪烁	● 检查是否程序有错误 ● 检查是否有较强电气干扰	● 参考编程手册修正 ● 参考接线指南
PLC故障	不能正常使用程序	● 通信协议设置是否正确 ● PLC的通信电缆是否连好 ● PLC程序编译是否正常 ● 检查有无其他程序占用串口	● 选择正确的端口号和通信参数 ● 软件版本可能过低 ● 程序修改 ● 退出占用串口的程序
PLC故障	PLC输出点不正常	● PLC程序编译是否正常 ● 输出点是否过载 ● 输出点是否损坏	● PLC程序修正 ● 检查接线、器件参数是否匹配 ● 更换PLC
通信故障	触摸屏通信故障	● 检查工作电压是否正常 ● 检查通信线缆是否连接正常 ● 检查通信参数设置是否正确	● 检查电源或通电 ● 接好通信线缆 ● 根据实际环境设置匹配参数

第6章 实训安排

1. 项目训练的目的

为培养能够解决工程实际问题、创新能力强、适应经济社会发展需要的具有国际视野的高质量应用型工程技术人才,设置了《机电传动与控制大型集中项目训练》课程,通过完成一个实训台生产过程的控制对学生进行贴近生产现场的工程实训,其目的主要是:

(1) 掌握机械设计的过程和方法;

(2) 掌握流体传动系统、工业自动化控制系统的设计过程和方法,培养工程设计能力;

(3) 综合应用所学的理论知识,培养理论联系实际的能力,提高综合分析、解决工程实际问题的能力;

(4) 训练和提高设计的基本技能,如计算、制图、应用设计资料、标准和规范、编写技术文件(说明书)等。

2. 训练的方法及步骤

在认真阅读实训指导书的基础上掌握实训工作台的机械机构、气动单元和电器单元的组成。根据设备自拟训练任务,并按照如下步骤进行设计:

(1) 启动并观察装置的运动过程,绘制出装置的机构运动简图、气动控制原理图、系统的机械装配图;

(2) 根据装置的实际电器接线情况,绘制出电气控制原理图及 I/O 分配表;

(3) 列出工作台上所有电器元件、气动元件的明细表,注明型号等信息;

(4) 读出 PLC 的控制程序,并结合实际运动过程,熟练掌握电器元件、气动元件及机械机构的工作原理,熟练掌握运动控制程序;

(5) 根据自拟的训练任务搭建电气控制系统,编制装置的运动过程控制程序,并调试通过。

3. 训练要求及安排

训练要求:

(1) 设计者应注意设计的科学性和条理性,注意与实际结合,做出合理的设计。充分发挥自己的主动性,培养独立工作能力,树立良好的工作作风。

(2) 设计者认真研究设计题目,深入了解自己的工作任务,认真学习现有资料,按规定的时间每完成一个实训内容要及时向指导教师汇报,并及时上交实训报告。

(3) 在实训的各个环节中应严肃认真、一丝不苟。设计图纸应符合国家标准。

(4) 学生应遵守校实验守则和有关规章制度及注意事项,凡违反操作规程或不听教师指导的学生,指导教师有权停止其实验,对造成设备损坏者必须负赔偿责任。

(5) 实训结束,整理好仪器、设备、工具、用具及现场,盖好仪器罩,搞好清洁卫生,保持室内整齐美观,经教师和小组组长同意后,方可离开实训室。

训练安排:

(1) 每 5 名学生组成一个实训小组,实行组长负责制,由各小组组长协助指导教师共同完成实训设备的使用调度工作;

(2) 实训时间为期 2 周,进程安排如下:

实训阶段	内　　容	学　时
讲　解	实训要求、做法,布置实训任务	2
实训准备	研究实训指导书,明确设计内容和要求,查阅相关资料	2
实训设计阶段	启动并观察装置的运动过程,绘制出装置的机构运动简图、气动控制原理图、系统的机械装配图	6
	根据装置的实际电器接线情况,绘制出电气控制原理图及 I/O 分配表	4
	列出工作台上所有电器元件、气动元件的明细表,注明型号等信息	2
	读出 PLC 的控制程序,并结合实际运动过程,熟练掌握电器元件、气动元件及机械机构的工作原理,熟练掌握运动控制程序	6
	根据自拟的训练任务搭建电气控制系统,编制装置的运动过程控制程序,并调试通过	8
技术总结	整理图纸和编写设计计算说明书,准备答辩	2
答　辩		

4. 训练的考核方式

实训考核分为三个方面:

(1) 日常考核:实训预习、实训素质和团队协作能力。

(2) 操作考核:操作技能和实训常见问题的分析与处理。

(3) 实训结果:实训报告和实训总结。

附录 A　台达 PLC 介绍

1. 台达 DVP40EH2 和 DVP30EH2 PLC 参数

电源电压：100-240VAC，50/60Hz；

电源保险丝容量：2A/250VAC；

消耗功率：60VA；

电源保护：DC24V 输出具有短路保护；

DC24V 电流输出：500mA。

2. PLC 的主要特点

（1）通用性和灵活性强；

（2）抗干扰能力强，可靠性高；

（3）编程语言简单易学；

（4）系统的设计、安装、调试、维修工作量少；

（5）功能及扩展能力强；

（6）体积小、重量轻、易于机电一体化；

3. PLC 的硬件组成

PLC 的硬件组成如图 1、图 2 所示。

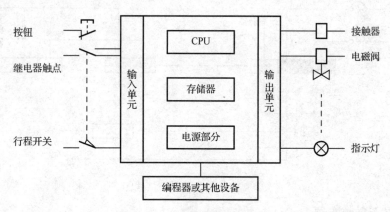

图 1　PLC 的硬件组成示意图

4. PLC 的供电接线方式

PLC 的交流供电接线图如图 3 所示。

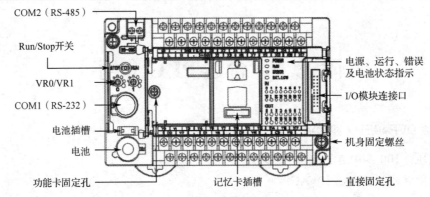

图 2　PLC 的硬件组成

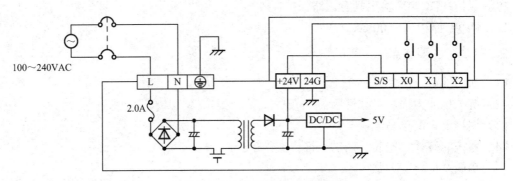

图 3　PLC 的交流供电接线图

+24V 电源供应输出端，最大为 0.4A，请勿将其他的外部电源连接至此端子

PLC 的直流供电接线图如图 4 所示。

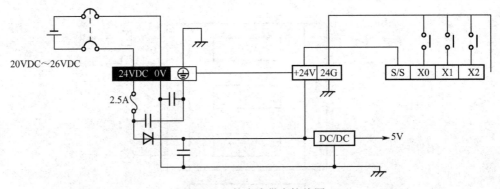

图 4　PLC 的直流供电接线图

5．PLC 的等效继电器

（1）输入接点 X

具有 256 点，与输入装置连接，用来读取输入信号。（注意：X 点的 ON/OFF 只能跟随输入装置做变化，不能使用软件来强制输入）

（2）输出接点 Y

具有 256 点，用于驱动连接于输出点 Y 的外部负载。（注意：输出线圈 Y 的编号，在程序中建议只使用一次，否则根据 PLC 的扫描原理，其输出状态取决于程序中最后输出 Y 的指令）

(3) 辅助继电器 M

具有 4096 点，和输出继电器 Y 一样，但只能在 PLC 内部程序中使用，不能直接驱动外部负载。（注意：M1000～M1999 为特殊辅助继电器，不可随意使用）

(4) 计数器 C

具有 253 点，可使用十进制 K 值或暂存器 D 做为设定值。

(5) 定时器 T

具有 256 点，计时单位有 1ms、10ms 和 100ms，可使用十进制 K 值或暂存器 D 做为设定值，定时器实际设定时间＝计时单位×设定值。

(6) 步进继电器 S

具有 1024 点，步进图的顺序控制标志，S0～S9 为起始步进点。（步进点 S 的编号不能重复）

(7) 缓存器 D

用于存储数值资料，长度为 16 位，最高位为符号位，存储范围为±32768。（D1000～D1999 不可随意使用）

X、Y、M、T、C、S 的常开或常闭接点在程序中使用次数没有限制。

(8) 特殊辅助继电器 M

① PLC 的运转标志（见图 5）

M1000：PLC 于 RUN 状态下，其保持为 On。

M1001：PLC 于 RUN 状态下，其保持为 Off。

M1002：PLC 开始 RUN 的第一次扫描周期 On，之后保持为 Off。

M1003：PLC 开始 RUN 的第一次扫描周期 Off，之后保持为 On。

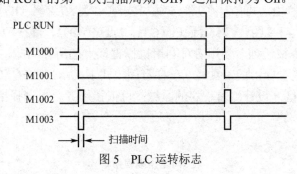

图 5　PLC 运转标志

② PLC 内部时间脉冲（见图 6）

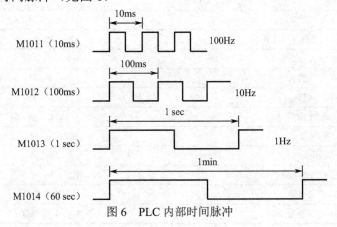

图 6　PLC 内部时间脉冲

附录 B WPLSof 编程软件介绍

1. WPLSoft 简介

WPLSoft 为台达电子可编程序控制器 DVP 系列在 Windows 操作系统环境下所使用的程序编程软件。WPLSoft 除了一般 PLC 程序的规划及 Windows 的一般编辑功能（例如剪切、粘贴、复制、多窗口……）外，另提供多种中/英文批注编辑及其他便利功能（例如寄存器编辑、设定、文件读取、存盘及各接点图标监测与设定等）。

2. 使用说明

当 WPLSoft 软件安装完成后，WPLSoft 程序将建立在指定的预设子目录"C:\Program Files\Delta\WPLSoft 2.10"下。此时直接以鼠标点取 WPL 图标按钮（ICON）就可以执行编辑软件了！软件执行后会出现 WPLSoft 编程软件的版本信息及日期信息。

三秒钟后出现 WPL 编程器窗口，第一次进入 WPLSoft 时且尚未执行『开启新文件』时，窗口在功能工具栏中只有『文件(F)』、『通讯(C)』、『设定(O)』与 『说明(H)』栏。

单击【新建】或者打开已保存的程序进入 WPLSoft 后会直接开启最后一次编辑的文件并显示于编辑窗口。

画面名称列会显示目前 WPLSoft 软件所编辑的文件名称及数据路径。功能工具在 WPLSoft 编辑软件的主功能工具栏中，共有十种功能选项：『文件（F）』、『编辑（E）』、『编译（P）』、『批注（L）』、『查找栏：(S)』、『视图（V）』、『通讯（C）』、『设定（O）』、『窗口（W）』及『说明（H）』。

功能图标提供命令按钮列，使用者可利用鼠标直接点选所需功能，此列主要有五种：一般工具栏；快速工具栏；梯形图工具栏（于梯形图模式下显示）；SFC 工具栏（于 SFC 图模式下显示）；编辑工作区（设计编辑程序的区域；可依使用者习惯选择指令编辑）。

3. 编程指令

（1）常用编程指令（见表 1）

表 1 常用编程指令

助记符	功　能	操　作　数
LD	A 接点逻辑运算开始	X、Y、M、S、T、C
LDI	B 接点逻辑运算开始	X、Y、M、S、T、C
AND	串联 A 接点	X、Y、M、S、T、C
ANI	串联 B 接点	X、Y、M、S、T、C
OR	并联 A 接点	X、Y、M、S、T、C
ORI	并联 B 接点	X、Y、M、S、T、C
OUT	驱动线圈	Y、S、M
SET	动作保持（ON）	Y、S、M
RST	接点或寄存器清除	Y、M、S、T、C、D、E、F
TMR	16 位定时器	T-K 或 T-D
CNT	16 位计数器	C-K 或 C-D（16 位）

(2) 步进指令（见表2）

表2 步 进 指 令

指　　令	功　　能	操　作　数
STL	程序跳至副母线（步进梯形开始）	S0-S1023
RET	程序返回主母线（步进梯形结束）	无

(3) 移位指令

移位指令：	MOV	S	D

S： 数据来源
D： 数据搬移目的地
操作数：装置范围
S:K,H,KnX,KnY,KnM,KnS,T,C,D,E,F
D:KnY,KnM,KnS,T,C,D,E,F
指令说明：
当功能指令执行时，将 S 的内容直接搬移至 D 内。当指令不执行时，D 内容不会变化。

(4) 写入指令

写入指令：	TO	m_1	m_2	S	n

m_1: 特殊模块所在编号
m_2: 预读取特殊模块的 CR（Controlled Register）编号
S: 写入 CR 的数据
操作数：装置范围
m_1: K,H
m_2: K,H
S: K,H,KnX,KnY,KnM,KnS,T,C,D,E,F
n: K,H
指令说明：
DVP 系列 PLC 利用此指令将数据写入特殊模块的 CR 内，指令执行时，将 S 的内容写入编号为 m_1 的特殊模块的 m_2 当中，一次只写入 n 笔。

(5) 复位指令

复位指令：	ZRST	D_1	D_2

D_1: 批次复位起始装置
D_2: 批次复位结束装置
操作数：装置范围
D_1: Y,M,S,T,C,D
D_2: Y,M,S,T,C,D
指令说明：
指令执行时 D_1 操作数编号到 D_2 操作数编号的区域里清除；当 D_1 操作数编号>D_2 操作数编号时，只有 D_2 指定的操作数被清除。

4. 梯形图实例

（1）状态转移图转化步进梯形图

状态转移图转化步进梯形图如图 7 所示。

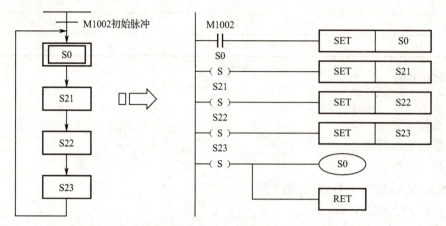

图 7　由状态转移图转化步进梯形图

（2）步进梯形指令动作说明

步进梯形指令动作说明如图 8 所示。

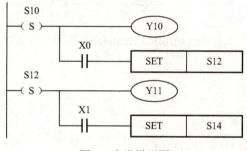

图 8　步进梯形图

（3）动作时序图

以图 9 为例，由以下执行的时序图，在状态点移行的过程中 S10 与 S12 转态后（同时发生），延迟一个扫描时间执行 Y10→Off、Y11→On（不会有重叠输出的现象）。

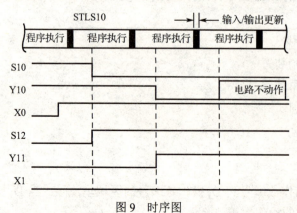

图 9　时序图

(4) 步进点的转移方法

SET Sn:同一流程用来驱动下一个状态步进点，状态转移后，前一个动作状态点的所有输出被取消。

OUT Sn:同一流程中返回初始步进点，同一流程中的步进点向上或向下非相邻的步进点跳转，状态转移后，前一个动作状态点的所有输出被取消。

RET：步进程序完成后要加上 RET 指令，而且 RET 指令一定要加在 STL 的后面。

附录 C 编 程 举 例

1. 绘制系统简图

根据设计方案,绘出系统的结构简图,如图 10 所示。

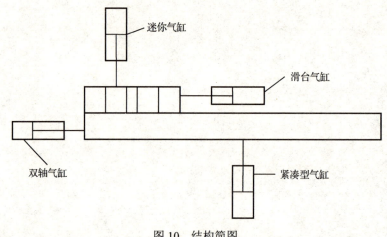

图 10 结构简图

2. 绘制工艺流程图

根据控制要求,绘制工艺流程图,如图 11 所示。

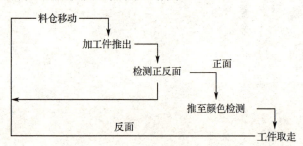

图 11 工艺流程图

3. 制定 I/O 分配表

根据 PLC 输入/输出的数量,制定 I/O 分配表,见表 3。

附录 C 编程举例

表 3 I/O 分配表

输入地址	动作	输出地址	动作
X0	开始	Y0	伺服驱动
X1	复位	Y1	伺服驱动
X2	自动	Y2	1#HRQ 复位
X3	联网	Y3	HRQ 伸
X4	上电	Y4	TN 缩
X5	1#TCL 缩	Y5	TN 伸
X6	1#TCL 伸	Y6	3#HFZ 复位
X7	2#HRQ 缩	Y7	3#HFZ 夹
X10	2#HRQ 伸	Y10	TCL 缩
X11	3#HFZ 缩	Y12	绿灯
X12	3#HFZ 伸	Y13	黄灯
X13	4#TN 缩	Y14	红灯
X14	4#TN 伸	Y15	红灯
X15	原点	Y16	开始按钮灯
		Y17	复位按钮灯

4. 内部继电器使用

根据控制方案,定义内部继电器,见表 4。

表 4 内部继电器定义

内部继电器	动作	状态寄存器	动作
M8	电缸复位完成	S10	状态清零
M9	气缸复位	S11	电缸 取料位
M10	初始化完成	S12	2#HRQ 左边
M11	开始按钮灯信号	S13	4#TN 伸出, TCL 缩回, HFZ 夹紧
M12	复位按钮灯信号	S14	TCL 伸出, TN 缩回
M20	开始	S15	2#HRQ 复位 右边
M110	颜色	S16	单机
M111	材料	S17	联网-金属物料
M120	材料信号	S18	联网-白色物料
		S19	联网-黑色物料
		S20	电缸移动

5. 步进梯形图

根据控制逻辑关系,编写步进梯形图,如图 12、图 13 所示。

机电传动与控制大型实训教程

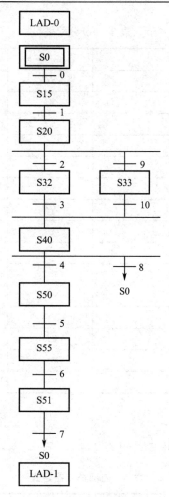

图 12　步进梯形图

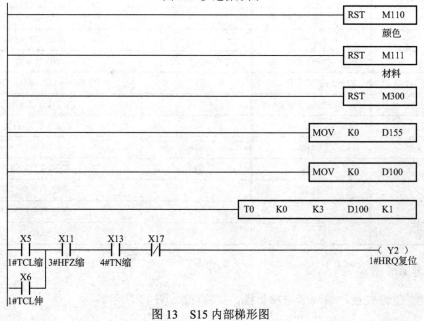

图 13　S15 内部梯形图

反侵权盗版声明

电子工业出版社依法对本作品享有专有出版权。任何未经权利人书面许可，复制、销售或通过信息网络传播本作品的行为，歪曲、篡改、剽窃本作品的行为，均违反《中华人民共和国著作权法》，其行为人应承担相应的民事责任和行政责任，构成犯罪的，将被依法追究刑事责任。

为了维护市场秩序，保护权利人的合法权益，我社将依法查处和打击侵权盗版的单位和个人。欢迎社会各界人士积极举报侵权盗版行为，本社将奖励举报有功人员，并保证举报人的信息不被泄露。

举报电话：（010）88254396；（010）88258888
传　　真：（010）88254397
E-mail：　dbqq@phei.com.cn
通信地址：北京市海淀区万寿路173信箱
　　　　　电子工业出版社总编办公室
邮　　编：100036